翻译指导 黄 荭
责任编辑 卜艳冰 张玉贞
装帧设计 汪佳诗

鸟的王国

欧洲雕版艺术中的鸟类图谱

— 1 —

〔法〕布封 著　〔法〕弗朗索瓦-尼古拉·马蒂内 等 绘

孙银英 李方芳 译

人民文学出版社
PEOPLE'S LITERATURE PUBLISHING HOUSE

图书在版编目（CIP）数据

鸟的王国：欧洲雕版艺术中的鸟类图谱. 1 /（法）
布封著；（法）弗郎索瓦-尼古拉·马蒂内等绘；孙银英，
李方芳译. -- 北京：人民文学出版社，2022
（99博物艺术志）
ISBN 978-7-02-017309-9

Ⅰ. ①鸟… Ⅱ. ①布… ②弗… ③孙… ④李… Ⅲ.
①鸟类~图谱 Ⅳ. ①Q959.7-64

中国版本图书馆CIP数据核字(2022)第122906号

责任编辑　　卜艳冰　　　张玉贞
装帧设计　　汪佳诗

出版发行　人民文学出版社
社　　址　北京市朝内大街166号
邮政编码　100705

印　　制　凸版艺彩（东莞）印刷有限公司
经　　销　全国新华书店等

字　　数　270千字
开　　本　889毫米×1194毫米　1/16
印　　张　17
版　　次　2017年1月北京第1版
　　　　　2022年9月北京第2版
印　　次　2022年9月第1次印刷

书　　号　978-7-02-017309-9
定　　价　198.00元

如有印装质量问题，请与本社图书销售中心调换。电话：010-65233595

出版前言

布封（Georges Louis Leclere de Buffon，1707—1788），18世纪时期法国最著名的博物学家、作家。1707年生于勃艮第省的蒙巴尔城，贵族家庭出身，父亲曾为州议会法官。他原名乔治·路易·勒克莱克，因继承关系，改姓德·布封。布封在少年时期就爱好自然科学，特别是数学。1728年大学法律本科毕业后，又学了两年医学。1730年，他结识一位年轻的英国公爵，一起游历了法国南方、瑞士和意大利。在这位英国公爵的家庭教师、德国学者辛克曼的影响下，刻苦研究博物学。26岁时，布封进入法国科学院任助理研究员，曾发表过有关森林学的报告，还翻译了英国学者的植物学论著和牛顿的《微积分术》。1739年，布封被任命为皇家花园总管，直到逝世。布封任总管后，除了扩建皇家花园外，还建立了"法国御花园及博物研究室通讯员"的组织，吸引了国内外许多著名专家、学者和旅行家，收集了大量的动、植、矿物样品和标本。布封利用这种优越的条件，毕生从事博物学的研究，每天埋头著述，四十年如一日，终于写出36卷的巨著《自然史》。1777年，法国政府在御花园里给他建立了一座铜像，座上用拉丁文写着："献给和大自然一样伟大的天才"。这是布封生前获得的最高荣誉。

《自然史》这部自然博物志巨著，包含了《地球形成史》《动物史》《人类史》《鸟类史》《爬虫类史》《自然的分期》等几大部分，对自然界作了详细而科学的描述，并因其文笔优美而闻名于世，至今影响深远。他带着亲切的感情，用形象的语言替动物们画像，还把它们拟人化，赋予它们人类的性格，大自然在他的笔下变得形神兼备、趣味横生。

正是在布封的主导和推动下，在其合作者E.L.·多邦东和M.·多邦东的协助下，邀请同时代法国著名法人设计工程师、雕刻师和博物学家弗郎索瓦–尼古拉·马蒂内手工雕刻插图，最初这些插图雕刻在42块手工调色木板上，每块木板上雕刻24幅图，没有任何文字解释。在这1008幅图中，其中973幅是鸟类，35幅是其他动物（包括28种昆虫、3种两栖和爬行类动物和4种珊瑚）。自1765年到1783年间，巴黎出版商庞库克公司（Panckoucke）将这1008幅图以 *Planches enluminées d'histoire naturelle(1765)* 为书名，分10卷陆续出版，距今已经过去两百五十多年。

在中文世界，上海九久读书人以"鸟的王国：欧洲雕版艺术中的鸟类图谱"为题，将这1008幅图整理并结集出版。除了精心修复图片，保持其古典和华丽特色的同时，编者还邀请译者精准翻译鸟类名称，并增加相关的知识性条目介绍，力图将这套鸟类图鉴丛书打造成融艺术欣赏性与知识性于一体，深具收藏价值的博物艺术类图书，以飨中文世界的读者。

公鸡（*Coq*）

公鸡，别名雄鸡、雉科、原鸡属，品种众多。眼圆，喙短锐，有肉髯，头部鸡冠大而鲜红，翅膀短而不能高飞，有大尾巴。色彩艳丽，形体健美。其啼叫能够报晓。行动敏捷，采食快，自然光照下，采食高峰在日出后 2~3 小时。法国的国鸟就是公鸡。公鸡受到人们喜爱，不仅因为其具有观赏价值和经济价值，更主要是喜欢它英勇、好斗、顽强的性格。

法国乌鸫，雄性（*Merle de France, mâle*）

　　乌鸫，别名百舌、黑鸫，鸫科、鸫属。雄鸟体长约三十厘米。除了黄色的眼圈与喙，几乎通体黑色，常被人误以为是乌鸦，其外观比乌鸦美。俗称百舌，是因为其极善鸣啭，叫声动听，且变化丰富。栖息于林区外围、小镇和乡村边缘，甚至瓜地、平野、园圃、乔木上。行动时头部向下。有时在垃圾堆和厕所附近觅食，以甲虫、蝗、蚊、蝇等昆虫为主，偶尔也吃果实，为杂食性鸟类。主要分布在欧洲、非洲、亚洲，不怕人，容易驯养，是瑞典国鸟。

1. 墨西哥黑顶拟鹂，雄性 *(Carouge du Mexique)*

2. 法属圣多明戈黑顶拟鹂，雌性 *(Carouge de St. Domingue)*

　　黑顶拟鹂，雀形目、拟鹂科。体长约二十一厘米。全身大致由黄、黑两色组成。喉部、喙、喙至眼、翅羽、尾羽和脚为黑色，其余部分为艳丽的黄色。雄鸟羽色比雌鸟鲜艳，雌鸟翅膀的小部分羽毛、腿、腹部至尾部都是黄色，其余部分为黑色。栖息于稀疏的树林、林子边缘、棕榈树林、咖啡树和柑橘树种植园，也会出现在种植有棕榈树的公园。分布在北美地区和中美洲，包括墨西哥、法属圣多明戈，美国、加拿大、格陵兰、百慕大群岛、圣皮埃尔和密克隆群岛、危地马拉、洪都拉斯、拿马、巴哈马、古巴、海地等地。

1. 大山雀或白脸山雀 (*Grosse Mésange, ou Charbonnière*)

　　大山雀，别名白脸山雀，雀形目、山雀科、山雀属。头部呈黑色，两边脸颊各有一片大型白斑。蓝灰色上体，背沾绿色；白色下体，中央有一条黑色纵纹。以金龟子、毒蛾幼虫等昆虫为食，主要栖息于低山和山脚的阔叶林、针阔叶混交林等林子里，有时进到果园、路旁、房前屋后和庭院中的树上。主要分布在中国、朝鲜、日本、印度、中南半岛、非洲西北部、欧洲等地。

2. 蓝山雀 (*Mésange bleue*)

　　蓝山雀，又名蓝冠山雀。头顶有蓝色的冠，眼睛间有一条蓝线，颈部、双翼及尾巴呈蓝色，黄色腹部有一条深色纵纹。以害虫、蚜虫或树芽等为食。会以苔藓、毛线及羽毛筑巢，喜欢栖息在幼长的树枝上。为欧洲普遍的观赏鸟，主要分布在欧洲温带及亚北极地带的林地。

3. 沼泽山雀 (*Mésange de marais, ou Nonette cendrée*)

　　沼泽山雀，又名泥泽山雀。头顶和后颈为黑色，下喙有一块黑色羽毛，远看似乎蓄着黑色的山羊胡子。两颊及喉部的两块白色延伸至颈后。名字中有沼泽二字，但实际上并不栖息在沼泽中，它们常在针叶林阔叶林或针阔混交林中高大乔木的树冠活动，偶尔也到低矮的灌丛中觅食，在近水源的林区更易见到。主要分布在巴尔干半岛、俄罗斯、蒙古、日本、中国、印度、缅甸等地。

1. 红额金翅雀 (*Chardonneret*)

　　红额金翅雀，雀形目、雀科、金翅雀属。体长 12~14 厘米。额、脸颊、颏呈朱红色，黑色眼先和眼周在淡色的头部极为醒目。背部呈褐色，黑色两翅上各有一大片显眼的黄色翅斑。主要以种子、嫩叶、花蕊等为食，多在林缘、疏林、山边稀灌丛、溪流、沟谷灌丛草地和树上觅食。主要分布在大西洋几个群岛，欧洲北部，往南到地中海、非洲西北部摩洛哥、埃及，以及中东、印度、尼泊尔等地。

2. 白金翅雀 (*Chardonneret blanc*)

　　白金翅雀，红额金翅雀的一个变种，两者在外观色泽上差异较大，但是白金翅雀基本上保持了红额金翅雀这个种的基本属性。根据布封在《自然史》中的描述，有的白金翅雀保留了常见金翅雀的特征，头上沾有红色，而翅羽边缘带有黄色，身体其余羽色都是白色。也有的金翅雀翅羽带黑色，脚、爪呈白色，喙也是一样的白色，但是在接近末端处为黑色。

Dessiné et Gravé par Martinet.

007

1. 法国家麻雀，雄性 (*Moineau franc de France, mâle*)

　　家麻雀，雀形目、文鸟科、麻雀属。小型鸟类，体长 14~16 厘米，背栗红色具黑色纵纹，脸颊及下体为白色。性喜结群，除繁殖期间单独或成对活动外，其他季节多成群出现。主要栖息于人类居住的地方周围，属杂食性鸟类，常到村镇和居民点附近的农田、河谷、果园、岩石草坡、房前屋后和路边树上活动和觅食。分布在古北界及东半球；北美洲、南美洲、亚洲、西非、中非及南非，新西兰与澳大利亚。

2. 好望角红巧织雀 (*Cardinal du Cap de B. Esp.*)

　　红巧织雀，又名红寡妇鸟，织布鸟科。繁殖期的雄鸟色彩尤其鲜艳，呈红色及黑色。前额、面部及尾羽都是红色，下胸、腹部是黑色。喜群居生活，以植物种子、昆虫为食。栖息于水边的草丛、芦苇、莎草或农作物中。雄鸟会竖起羽毛求偶，为一雄多雌制。分布范围自南非向北至安哥拉、刚果民主共和国的南部及东部、乌干达南部及肯尼亚西南部。

Dessiné et Gravé par Martinet.

1. 仙唐加拉雀（*Tangara*）

仙唐加拉雀，裸鼻雀科、唐加拉雀属。鸟背和翅为黑色，而与之形成鲜明对比的是绿色的头、蓝色的腹、青绿色的喉和猩红色的腰。尾羽一般呈黑色。

2. 卡宴火冠黑唐纳雀（*Tangara hupe de Cayenne*）

火冠黑唐纳雀，裸鼻雀科、黑唐纳雀属。体长约十五厘米，体重约二十克。雄鸟头部为黑色，向后披着一顶醒目的橙色冠。栖息于亚热带或热带的湿润低地森林，或是干燥的灌木林地。分布在南美洲，包括哥伦比亚、委内瑞拉、圭亚那、苏里南、厄瓜多尔、秘鲁、玻利维亚、巴拉圭、巴西、智利、阿根廷、乌拉圭，以及马尔维纳斯群岛，是一种分布广泛、相当常见的鸟。

Dessiné et Gravé par Martinet

011

1. 非洲海岸箭尾维达鸟（*Veuve de la Côte d'Afrique*）

箭尾维达鸟，雀形目、文鸟科。维达鸟是非洲多种具有暗色长尾的鸟类统称，因常被发现于贝宁的维达镇而得名。箭尾维达鸟分布在南非西南部，十分著名。雄鸟尾羽精致美丽，相比之下雌鸟体色黯淡且无尾羽，体长约十三厘米，雄鸟在繁殖期间可达四十厘米。以果实、种子、嫩芽为主食，也吃昆虫。喜成群活动，栖息于亚热带草原与树林。

2. 针尾维达鸟（*Petite Veuve*）

针尾维达鸟，雀形目、梅花雀科，身长 12~13 厘米，体重 14~19 克，寿命约七年。雄鸟有很长的尾羽，繁殖期间，雄鸟羽色黑得发亮，与部分白色羽毛形成强烈对比。繁殖习性特别，不筑巢，将卵产于其他雀类的巢中寄生，幼鸟由寄主孵化喂养。分布在非洲乍得、刚果、科特迪瓦、赤道几内亚、厄立特里亚、埃塞俄比亚、加蓬、加纳和几内亚等地，从南至北部撒哈拉沙漠，但更常见于东非。

1. 马尼拉白胸燕鵙 (*Pie - Grièche de Manille*)

　　白胸燕鵙，雀形目、燕鵙科、燕鵙属。体长约十八厘米。羽毛柔软，从头至背为深灰色，翅及尾羽也是深灰色，下体呈白色。有一对长而尖的翅膀，善于做有力飞翔及滑翔。在空中飞行时捕捉昆虫为食，常聚集成群活动。在树枝上筑小巢，雌性一般产卵 3 枚。分布范围从安达曼群岛东部至印度尼西亚和澳大利亚的北部。

2. 法国林鵙伯劳 (*Pie - Grièche Rousse de France*)

　　林鵙伯劳，伯劳科、伯劳属。体长 17~19 厘米。雄鸟的头、颈呈红棕色，下腹白色，背黑色，尾羽前部白色、后部黑色，翅羽亦是黑白相间。林鵙伯劳在树上筑巢，经常在开阔的地方出没，如树篱、灌木丛、小树林，以及果园、草丛、荒芜的公园和花园。以大昆虫、小燕雀、壁虎等为食物。主要分布在北欧、中东、非洲西北部。

Dessiné et Gravé par Martinet

法国小鸨，雌性（*Petite Outarde ou Canne Petiere de France, femelle*）

　　小鸨，是鹤形目、鸨科的大型鸟类，体型比大鸨小。身长40~45厘米，翼展105~115厘米。体格健壮，头小，颈项长直，全身羽毛颜色相似，遍布黑色斑点和条纹，但雌鸟颈上没有雄鸟的白色环带。常成群活动，生活在开阔的地方，如平原、牧场、麦田、谷地以及半荒漠地区。是主要以昆虫和小型无脊椎动物为食的杂食性鸟类。

Dessiné et Gravé par Martinet

马岛蓝鸠 （*Pigeon ramier bleu de Madagascar*）

马岛蓝鸠，是鸽形目、鸠鸽科、蓝鸠属的一种已经灭绝的鸟类。体型为中小型，两翅较长，喙短，且喙色较浅淡。体羽深蓝，尾羽末端为红色，脚爪红色较浅，而黑色眼睛周围有一圈红色斑，异常醒目。分布在印度洋，包括马达加斯加群岛及其附近岛屿，是该区域特有的物种。

绯红金刚鹦鹉（*Ara Rouge*）

　　绯红金刚鹦鹉，别名五彩金刚鹦鹉、红黄金刚鹦鹉，因五彩缤纷靓丽多彩的羽色而深受人们喜爱。体长约八十五厘米，体型硕大却不失优雅。面部无羽毛，布满了条纹，兴奋时可变为红色。多栖息于海拔1000米以下的潮湿热带低地，在巴拿马东部、墨西哥、哥伦比亚、委内瑞拉、盖亚那、苏利南、法属圭亚那、厄瓜多尔、秘鲁、巴西及玻利维亚等中南美国家都能见到它们的踪迹。因人类的盗捕，这些美丽鹦鹉的数量在飞速下降。

橙翅亚马逊鹦鹉（*Perroquet jaune*）

　　橙翅亚马逊鹦鹉，鹦鹉科、亚马逊鹦鹉属。体长约三十一厘米，重 298~470 克。体羽绿色，翅膀中间有橙色羽毛，额头与眼睛上方覆有蓝色羽毛，前额、头顶与脸颊为黄色。能模仿人类语言，好玩吵杂。常结对成群活动，以种子、花朵、浆果、水果、坚果等为食。主要栖息于沼泽、森林、红树林、开阔的地区、潮湿的热带地区，有时也出现在较为干燥的地区，广布于南美洲北部。该种为橙翅亚马逊鹦鹉的变种，全身几乎变为黄色。

小葵花凤头鹦鹉 （*Petit Kakatoes à hupe jaune*）

　　小葵花凤头鹦鹉，鹦形目、凤头鹦鹉科。中型鸟类，体长约三十五厘米，寿命约五十年。体羽以白色为主，雪白漂亮，头顶耸立着可以伸缩的黄色凤头冠羽，平时在脑后像垂着一条微翘的辫子，愤怒时会竖起来，展开变成扇形。栖息于林地、农地、森林边缘等区域，以种子、嫩芽、花朵、昆虫等为食。分布在印度尼西亚境内，主要在弗洛瑞斯海的东摩鹿加群岛、新几内亚、国王岛、艾鲁岛等岛屿上。

Dessiné et Gravé par Martinet.

金龟子 (*Scarabés*)

金龟子，属无脊椎动物，是昆虫纲、鞘翅目、金龟子科昆虫的总称。常见的金龟子有长臂金龟、花金龟、鳃角金龟、独角仙、粪金龟等。为完全变态昆虫，经历卵、幼虫、蛹、成虫四个阶段。成虫翅膀为翅鞘，下翅为膜质，翅膀大多具有光泽。口器为咀嚼式，以花蜜、茎叶、腐果或粪便等为食。粪金龟以动物粪便为食，钻进粪中，可以将其滚动成球状，故俗称"屎壳郎"，又有"自然界清道夫"之称。

Dessiné et Gravé   par Martinet.

鳃角金龟（*Hannetons*）

    鳃角金龟，是鞘翅目、金龟科、鳃角金龟亚科下的一群甲虫总称，类型多样，体型从小、中到大不等，以中型居多。触角呈鳃叶状，9~10节，鳃片部3~8节，后翅多发达能飞，也有因退化而只留翅痕而不能飞翔的，例如皱鳃金龟属。身体卵圆或椭圆形，多为棕色、褐色至黑褐色，有的全身一色，有的点缀斑纹，光泽强度不一，与夜出活动的习性有关。主要分布在欧亚大陆和南北美洲，很多是农林害虫、地下害虫，比如叶鳃角金龟成虫食叶，蛴螬在地下食植物根。

中国大燕蛾 (*Phalene Chauve – Souris de la Chine*)

　　中国大燕蛾，是燕蛾科、燕蛾属的一种昆虫。翅长约五十厘米，后翅外缘有飘逸的齿形尾突，长达 25 厘米。幼虫以一种叫琉璃草的植物为食。有早起的习性，太阳一出就开始飞舞，中午较为活泼，舞至日落时分。有趋光性，夜见灯光，常会趋光飞来。它们用相当快的速度在高枝上飞行，身姿灵动飘逸，在阳光下还能陆续反射出闪耀的金属红光，绚烂夺目。

有尾蝶蛾（Papillons à queue）

　　昆虫纲鳞翅目包括蝶与蛾，有尾的大多数是凤蝶。凤蝶是鳞翅目、凤蝶科一类蝴蝶的统称，一般为大型昆虫。特点是后翅有尾突，因此得名，不过也有许多种类无尾突。翅两对，常以黑、白、黄为基调底色，饰以红、黄、蓝、绿等艳丽斑纹，有些泛出明亮的金属光泽。完全变态，卵为球形，幼虫取食植物叶片。成虫口器为虹吸式，平时呈螺旋状蜷曲，吸食花蜜时伸直。除了南北极，凤蝶遍布各地。

Dessiné et Gravé   par Martinet.

卡宴太阳闪蝶（*Le grand Oculé de Cayenne*）

　　卡宴太阳闪蝶，是鳞翅目、闪蝶科的一种大型蝴蝶，翼展可长达 20 厘米。翅膀反面的颜色、图案与正面不同。从反面看，花纹相当复杂，具有成列的眼状斑纹，色彩却较为暗淡；从正面看，上半身透明，整个翅面鲜艳分明，犹如东方朝阳驱赶黎明之夜。鳞片结构复杂，状似百叶窗，光线照到翅上，会产生折射、绕射等光学现象，闪出彩虹般的绚烂色彩。太阳闪蝶是热带蝴蝶，只分布在亚马逊河流域和北部的圭亚那。

1. 帛斑蝶 （*La Veuve*）

　　帛斑蝶，亦称白斑蝶，是蛱蝶科、斑蝶亚科、帛斑蝶属的一种蝶类，产地为印度尼西亚。该物种分布于东南亚至大洋洲一带。帛斑蝶与同属的大帛斑蝶在颜色、形态上近似，翅展 12~14 厘米。雌雄色彩斑纹相差不远，体翅呈白色，翅脉纹全部呈黑色。大帛斑蝶前后翅外缘在黑边中有一列白斑，各个脉室均匀散布着黑色大斑点，而帛斑蝶则较少或无，看起来更显线条分明，较为素净，具有较高的观赏价值。

2 & 3. 帕拉蒂尼斑蛱蝶 （*La Palatine*）

　　帕拉蒂尼斑蛱蝶，是鳞翅目、蛱蝶科、斑蛱蝶属的一个物种。雌蝶与雄蝶外形并无太大差异，唯有色泽较为暗淡。雌、雄蝶翅的正面都呈烟黑色，下翅色彩鲜艳，有浅紫色与橙色横斑，斑纹之间布有七个很黑的卵形小斑，沿前缘、外缘至臀角弯曲排列。翅膀底面为浅黄褐色，比正面多了一条贯穿前后翅的白色长竖纹。分布在印度尼西亚东北部的马鲁古群岛。

1. 负子蟾，雄性（*Pipa mâle*）
2. 负子蟾，雌性（*Pipa femelle*）
3. 负子蟾，幼蟾（*Jeune Pipa*）

　　负子蟾，别名苏里南蟾，产于南美洲，分布于南美洲的巴西、圭亚那等地的热带森林，是两栖纲、无尾目、负子蟾科、爪蟾属的一种水栖动物。体长约十厘米，黑褐色，头小，口内无舌，眼小而无眼睑，身体表皮光滑。四指间没有蹼，前端又分成四星状突起，是感觉器官，用于侦测、协助捕猎小鱼虾等食物。五趾间的蹼十分发达，善于游泳。雌蟾比雄蟾体型稍大。它们终生栖于水中，长期干旱时多集中在尚未干涸的水塘里。雨季到来后，在水里交配、产卵。繁殖期间，雌蟾一经入水，背面皮肤软化，似海绵状，形成一个个蜂窝状的小穴，数目达几十甚至上百个。泄殖腔壁伸到外面形成管状产卵带，弯到背上。雄蟾在雌蟾背上压着产卵带，将卵挤出，放入海绵状皮肤的小穴里，用胶质封好。卵在雌蟾背部的窝里发育，经过蝌蚪期，两个月后变成幼小的成体，即幼蟾，才离开雌蟾。它们正因这种奇特的繁殖方式而得名"负子蟾"。

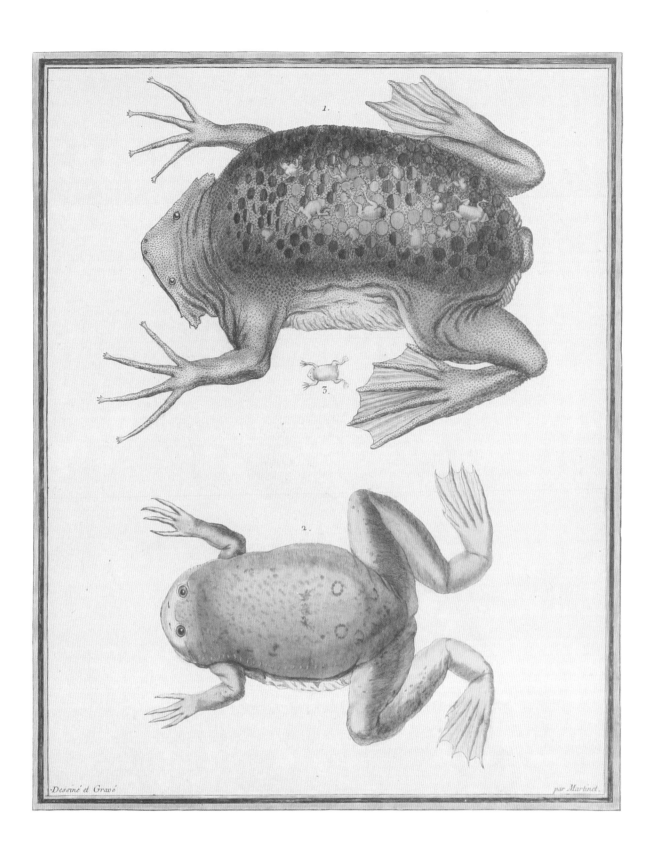

1.

3.

2.

避役（*Caméléon*）

　　避役，俗称变色龙，主要树栖，体色善于随环境而改变，是非常奇特的动物。四肢、尾巴很长，身体侧扁，背有脊椎，头上突起一个钝三角形。舌头长而灵敏，伸出来可以超过体长，靠舌尖产生的强大吸力捕猎食物。左右眼不一致，可以各自单独活动，在动物中十分罕见。多活动于雨林至热带大草原，主要分布在非洲，马达加斯加岛可以说是它们的天堂，另外少数分布在亚洲和欧洲南部。

海王星苔虫 (*Manchette de Neptune*)

　　海王星苔虫，是苔藓虫动物门、裸唇纲、唇口目、俭孔苔虫科的一种苔藓虫，属水生底栖动物，分布于地中海和印度洋。海王星苔虫很薄，很脆弱。喜固定的群体生活，直立，呈网状，像衣袖花边，生长在海岸的岩石上。由彼此有生命联系的许多个虫组成，体外分泌一层胶质，形成群体的骨骼。虫体前端有口，口的周围有一冠状物，称"总担"，其上生许多触手。以微小的浮游藻类为食，生活在海底 20~80 米食物丰盛之处。

红珊瑚 (*Corail Rouge*)

　　红珊瑚，水螅型动物，过群体生活，个体直径为0.5~2厘米，身体以基盘固着在岩石、沙底、贝壳或其他物体上。骨骼呈树枝状，每个分枝中心具有一根钙质中轴骨，质地坚密，呈粉红色至深红色。生长在较清洁的海水中，温度高于20℃的赤道及其附近的热带、亚热带地区，从希腊、突尼斯到直布罗陀海峡，包括科西嘉岛、撒丁岛和西西里岛，还有大西洋东部的葡萄牙、摩洛哥、加那利和佛得角群岛。

法国小鸨，雄性（*Petite Outarde ou Canne – Petiere de France, mâle*）

　　法国小鸨，雄鸟身长40~45厘米，翼展105~115厘米，体重750~1000克。上体为灰黄褐色，具黑色细斑。颊部和喉部为石板灰色，颈部黑色，环有一条白色横带与"V"字形斜带，斜带在上，横带在下，是它区别于其他鸨类的主要特征之一。分布在欧洲、亚洲、北非等地，由于过度开垦草原和过度放牧导致栖息地被破坏，它们在某些区域已经灭绝。

Dessiné et gravé   par Martinet.

金黄鹂, 雄性 (*Le Loriot, mâle*)

金黄鹂, 中型鸣禽, 体长 22~26 厘米, 体重 53~85 克。喙粗长, 约等于头长。翅尖长, 尾短而圆。雄鸟体羽颜色鲜丽分明, 主要是黄与黑的组合, 上、下体呈鲜黄色, 黑色两翅及尾羽之中夹杂一些黄色。常单独或成对活动, 以昆虫、浆果为食, 为杂食性鸟类。在高大乔木的树冠上筑巢栖息, 很少下到地面, 繁殖期间喜欢隐藏在枝叶丛中鸣叫, 清脆婉转。广泛分布在欧亚大陆至西伯利亚西部、印度、巴基斯坦、阿富汗及中东地区, 以及非洲等地。

灰山鹑，雌性 （*Perdrix grise, femelle*）

　　灰山鹑、鸡形目、雉科、山鹑属。中等体型，休长约三十厘米。雌鸟头顶暗褐，耳羽浓栗，羽干纹暗棕。主要以草本植物和灌木的嫩枝、嫩叶、芽、花、果实、种子等植物性食物为食。栖息于低山丘陵、山脚平原和高山等各类环境，夏季多栖息在高山乱石荒坡、有稀疏树木和灌丛的高原草地，或是在山脚沟谷、河边、湖边矮树丛及山地田野等处，分布范围几乎遍及整个欧洲。

Dessné et Gravé

par Martinet.

1. 灰鹡鸰，雄性 (*Bergeronette jaune, mâle*)

2. 海角鹡鸰 (*Bergeronette du Cap de bonne Espérance*)

鹡鸰，为雀形目、鹡鸰科、鹡鸰属的一种地栖鸟类。体型纤细，喙、翅、尾、腿都较为细长，属中小型鸣禽，体长约二十厘米。

灰鹡鸰雄鸟前额、头顶、枕和后颈呈灰色或深灰色，肩、背、腰为灰色沾暗绿褐色或暗灰褐色，翅羽黑白相间，其余下体为鲜黄色，飞行时露出白色的翼斑和黄色的腰。经常成对或结小群活动，以昆虫为食。分布在欧亚大陆和非洲，栖息于溪流、河谷、湖泊、水塘、沼泽等水域岸边及附近的草地、农田、住宅和林区居民点，尤其喜欢在山区河流岸边和道路上活动。

海角鹡鸰，体型较为纤细。腹部白色，头、背、翅羽呈灰色或褐色，外侧尾羽具有白色。休息时，尾经常做有规律的上下摆动，故又称点水雀。生活在湿地附近，以昆虫为食。分布在非洲中南部地区，包括阿拉伯半岛的南部、撒哈拉沙漠（北回归线）以南的整个非洲大陆。

Dessiné et Gravé par Martinet.

短耳鸮（*Moyen Duc, ou Hibou*）

　　短耳鸮，是鸮形目、鸱鸮科、长耳鸮属的一种猫头鹰。体长 35~42 厘米，体矮，翼长。面庞显著，耳羽短小，眼为光艳的黄色，眼圈呈暗色。栖息于开阔田野，成群营巢于地面，多在黄昏和晚上活动和猎食，以小鼠、鸟类、昆虫和蛙类为食。白天亦常见。它们是分布最广的鸮类之一，自北极周围到北温带，多见于夏威夷和南美洲的大部分地区，可迁徙到更南的地方。

1. 法国黄鹀（*Bruant de France*）

　　法国黄鹀，是一种鹀科、鹀属的小型鸣禽，体长 17~20 厘米。喜栖于林缘、林间空地、林间小道旁和荒地、耕地等处，在地面跑行觅食，一般主食植物种子，并喜沐浴，至把翼尾全浸湿后才飞至树上晾干。非繁殖期常集群活动，繁殖期在地面或灌丛内筑碗状巢。分布在欧洲东部到西伯利亚中部、高加索和伊朗、哈萨克斯坦、蒙古北部、日本和中国等地。

2. 法国灰眉岩鹀（*Bruant de prez de France*）

　　法国灰眉岩鹀，是鹀科、鹀属的一种小型鸣禽，体长约十六厘米。常成对或单独活动，非繁殖期成 5~8 只或十多只的小群，有时亦集成 40~50 只的大群。雌鸟和雄鸟共同觅食喂雏，每日喂雏时间长达 12 小时，一般每小时喂两次。主要以草子、果实、种子和农作物等植物为食。栖息于开阔地带，尤喜偶尔有几株零星树木的灌丛、草丛和岩石地面。

2.

1.

1. 法国林鹛伯劳，雌性 （*Pie - Grièche rousse de France, femelle*）

法国林鹛伯劳，雌鸟与雄鸟体色不同，雌鸟前颈、下腹依然是白色，然而头、后颈、背皆为红棕色，黑白相间的翅羽、黑色尾羽也均沾了一些红棕色。在树上筑巢，取用细小枝叶，或采用植物的纤维等其他成分，筑成后可以使安放巢中的鸟卵不致滚散，又能均匀受到亲鸟体温的孵化，也有利于喂雏鸟。

2. 红背伯劳 （*Ecorcheur*）

红背伯劳，体型较小，背至尾上腹羽为红褐色，头顶至上背为灰色，中央尾羽为黑色，外侧尾羽为黑、白二色。食物以昆虫为主。叫声像是粗哑的喘息。喜栖息于平原及荒漠原野的灌丛、开阔林地及树篱。分布在英国、欧洲西部至亚洲西部、中国等地，是新疆东北部青河旅鸟，在中东及非洲越冬。

1. 意大利黑额伯劳（*Pie – Grièche d'Italie*）

意大利黑额伯劳，俗名小灰伯劳，体长约二十厘米。自嘴至额为黑色，向侧方、眼先、过眼及耳羽连成一片黑纹区。雌鸟额部的黑色不及雄鸟的浓，略带褐色。习惯筑巢于阔叶树及灌木上，选用具有芳香气味的蒿草等整株植物编巢。分布在欧洲南部及东部、亚洲中部，至非洲越冬，常见于从平原至海拔1500米的山地、森林草原及耕作区等。

2. 马达加斯加泰拉钩嘴鵙（*Pie – Grièche de Madagascar*）

马达加斯加泰拉钩嘴鵙，钩嘴鵙科、泰拉钩嘴鵙属，是泰拉钩嘴鵙属唯一的一个物种，也是马达加斯加岛的地方性物种。从喙向头顶、颈、背、尾羽，连成一片黑色，与喙以下的白色下体形成鲜明对比。栖息于亚热带、热带干旱少雨的森林，或是潮湿多雨的低地森林。分布范围广，数量不明，被评估为低危物种。

Dessiné et Gravé par Martinet.

1. 卡宴绿枕唐加拉雀 （*Tangara varié à tête verte de Cayenne*）

绿枕唐加拉雀，裸鼻雀科、唐加拉雀属。身体为绿色，翅膀前端为蓝色，背部黑、黄相间，黄色在黑绿之间尤为夺目。栖息于美洲大陆热带与亚热带的湿润山林地带，栖息地的逐渐消失令它们遭受到一定程度的生存威胁。主要分布在南美洲，包括哥伦比亚、委内瑞拉、圭亚那、苏里南、厄瓜多尔、秘鲁、玻利维亚、巴拉圭、巴西、智利、阿根廷、乌拉圭及马尔维纳斯群岛。

2. 卡宴红颈唐加拉雀 （*Tangara varié à tête bleue de Cayenne*）

红颈唐加拉雀，裸鼻雀科、裸鼻雀属。头部为蓝色，从喙两侧向颈背延伸出一条红色的纹路，在绿色上体、下体以及黑色前翅羽之间显得尤其鲜艳，故称红颈唐加拉雀。它们栖息在热带和亚热带地区的潮湿山地、美洲大陆的退化森林里。分布于南美洲，包括哥伦比亚、委内瑞拉、圭亚那、苏里南、厄瓜多尔、秘鲁、玻利维亚、巴拉圭、巴西、智利、阿根廷、乌拉圭及马尔维纳斯群岛。

1. 金头娇鹟 (*Manakin à tête d'or*)

金头娇鹟，雀形目、娇鹟科、白冠娇鹟属。体型娇小，体长约八至九厘米。雄鸟身体为黑色，头为黄色，从额、脸颊、颈背渐变为橙色。在飞行中捕食，主要吃植物的小果实，也吃一些昆虫和蜘蛛。栖于湿润的森林，在海拔 1100 米至 2000 米处可见到它们的踪影，分布在北美地区，包括美国、加拿大、格陵兰、百慕大群岛、圣皮埃尔和密克隆群岛及墨西哥境内北美与中美洲之间的过渡地带。

2. 白冠娇鹟 (*Manakin à tête blanche*)

白冠娇鹟，雀形目、娇鹟科、白冠娇鹟属。体长约十厘米。雄鸟体羽为黑色，头上有一顶可以竖立起来的白色冠羽。尾短，喙弯，眼睛为红色。以水果和昆虫为食。常栖息在海拔在 800~1600 米的山地丘陵地带，有时却会出现在委内瑞拉东北海平面以下的低地。分布范围从哥斯达黎加至秘鲁北部和巴西东部。

3. 绯红冠娇鹟 (*Manakin rouge*)

绯红冠娇鹟，雀形目、娇鹟科、绯红冠娇鹟属。羽毛色泽艳丽光鲜，体羽主要呈橙黄、红色和黑色。两翅及尾羽黑色，项背及胸腹红色，喙下至胸为橙黄色。栖息在亚热带和热带的沼泽湿地、退化森林里。分布在南美洲，包括哥伦比亚、委内瑞拉、圭亚那、苏里南、厄瓜多尔、秘鲁、玻利维亚、巴拉圭、巴西、智利、阿根廷、乌拉圭及马尔维纳斯群岛。

Dessiné et Gravé par Martinet.

马斯卡林鹦鹉 (*Mascarin*)

　　马斯卡林鹦鹉，是留尼旺马斯克林群岛或毛里求斯一种已经灭绝的鹦鹉。它们在 1674 年被最初描述。中等体型，体长约 35 厘米，尾巴较长，喙弯曲。上身呈深褐色，下身颜色比上身浅一些。头部灰色，红色的喙边有一圈黑色的羽毛环绕。脚部为红褐色，尾羽暗褐色，基部三分之一为白色。现存有两个马斯卡林鹦鹉标本，分别存放于法国国家自然历史博物馆及维也纳自然史博物馆。

Dessiné et Gravé par Martinet

巴西黄蓝金刚鹦鹉 (*Ara bleu et jaune du Brésil*)

　　黄蓝金刚鹦鹉，又名琉璃金刚鹦鹉，是最常见的金刚鹦鹉，也是色彩最漂亮、体型最大的鹦鹉之一。体长 86~94 厘米，尾长 40~50 厘米，体重 995~1380 克，寿命约六十年。面部无羽毛，布满了条纹，有点像京剧中的花脸脸谱。它们拥有惊艳的外表、温和的脾气和良好的语言能力，极受欢迎。生活在海拔较低的森林地带。以果实、花朵和昆虫为食，喙有力，食量大。分布范围从南美洲大陆的北部及东北部，一直到巴拿马东部和北美洲的墨西哥等地。

弗吉尼亚主红雀 (*Gros – Bec de Virginie appellé Cardinal hupé*)

弗吉尼亚主红雀，又名红衣主教，体型中等，长约二十四厘米。雄鸟整体上呈鲜红色，背部和双翼颜色较沉，面部黑色一直延伸至上胸，头顶高耸一簇醒目的红色羽冠。栖息于灌木、灌木和小乔木混合的开阔林地、森林边缘等，主要吃野草、谷物和果实。长相气派，叫声也动听，还有皇冠般傲立的穗状头冠，一身烈焰般的羽毛光彩炫目，令它成为世界上最美丽耀眼的鸟类之一，是美国弗吉尼亚州和俄亥俄州的州鸟。

dessiné et gravé par Martinet.

卡宴船嘴鹭 (*Savacou de Cayenne*)

　　卡宴船嘴鹭是中型涉禽，体长约五十四厘米。有一个宽大似船型的巨嘴，是它名称的来由。成鸟有一个黑色的冠，长冠羽披至背部。生活在山间溪流、湖泊、滩涂、红树林沼泽、溪边或浅水中，主要食物为鱼类、甲壳类、昆虫和小型两栖动物。它们是夜行性鸟类。分布在中美洲的危地马拉、伯里兹、洪都拉斯、巴拿马、巴哈马、古巴、海地等地，还有南美洲的秘鲁、巴西、智利、阿根廷、乌拉圭及马尔维纳斯群岛等地。

Deffiné et Gravé par Martinet

圭亚那动冠伞鸟 （Coq-de-Roche）

　　圭亚那动冠伞鸟是一种中等体型的南美雀类。体长约三十厘米，重 200~220 克。雄性具有艳丽闪亮的橙色体羽，头顶高耸一个半月形羽冠。雄鸟求偶时，点头并快速跳起，夸耀其亮丽的羽毛，并发出不同类型的鸣叫。主要以植物果实和昆虫为食。生活在森林地区，尤其是热带雨林，常栖息于森林的水边，附近有岩石裸露的是其首选栖息地。分布在南美洲，巴西、哥伦比亚、法属圭亚那、圭亚那、苏里南、委内瑞拉玻利瓦尔共和国。

Dessiné et Gravé par Martinet.

金龟子 (*Scarabés*)

在金龟子总科中，最有名的是犀金龟亚科及其中的双叉犀金龟。双叉犀金龟俗称"独角仙"，是一种常见的大型甲虫，体长3.2~9.6厘米。因有一只雄壮的独角而著称，观赏价值高，也是常见的宠物。雄虫头顶有一个双分叉的角突，前胸背板中央也生有一个末端分叉的角突，背部亮滑。具有趋光性，多为昼出夜伏。以吸食树汁为生，时有在树木上聚集上百只独角仙的盛况。一般对树木不造成危害，数量过多则可能危害森林。

1. 茶色长臂金龟 (*La Giraffette*)

　　茶色长臂金龟，为金龟科、长臂金龟属的一种甲虫。长椭圆形，头部较小，口器被唇基遮盖，背面不可见。外壳为茶色，十分坚硬。成虫体长 52~86 厘米，雄性体型一般比雌性大，且拥有十分修长的前足，在交配繁殖期间可以吸引雌性注意。该种包含两个亚种，是长臂金龟属中体型最大的品种。分布于印度尼西亚的马鲁古群岛与苏拉威西岛，当地人以椰乳引诱它们进行采集。

2. 长戟大兜虫 (*Le Taureau – volant*)

　　长戟大兜虫，犀金龟科。巨型甲虫，甲虫收藏中的珍品，极受欢迎。雄性前胸与头部为散发光泽的黑色，鞘翅从黄渐变至红，或者是棕绿渐变至浅蓝。有些雄性的鞘翅上会有斑点，有的没有。有两只角，分别从前胸背板与头部伸出，尖端微弯而形成夹钳状。雄性间的战斗，以长角作为武器。分布在巴西、哥伦比亚、秘鲁、厄瓜多尔、安地列斯诸岛、巴拿马、尼加拉瓜、瓜地马拉、墨西哥南部等地。

Fig. 1.

Fig. 2.

Deshné et Gravé par Martinet.

1. 中国樗蚕蛾 (*Phaline à croissant, de la Chine*)

中国樗蚕蛾，又名眉纹天蚕蛾，是天蚕蛾科、大蓖麻蚕属的一种昆虫，在低海拔山区的分布较为普遍。翼展宽 12~14 厘米，两翅呈褐色，各翅中央具眉形淡色斑纹，上翅翅端也具有类似蛇头状斑纹。寄主植物有核桃、石榴、柑桔、蓖麻、花椒、乌桕、银杏等。幼虫食叶和嫩芽，轻者叶片有缺刻或孔洞痕迹，严重时把叶片吃光，对植物有害。像其他蛾子一样，有趋光性，夜晚会向光源飞去。它们具有远距离飞行能力，可远至三千米以上。

2. 中国柞蚕 (*Phaline blonde, de la Chine*)

中国柞蚕，古称春蚕、槲蚕、山蚕，是天蚕蛾科、柞蚕属的一种大蛾子，雌蛾翼展可达 14~16 厘米。体翅黄褐色，顶角外伸较尖，各翅中央有一枚圆形眼纹。柞蚕是一种吐丝昆虫，因喜食柞树叶子得名。茧可缫丝，主要用于织造柞丝绸，手感柔软有弹性。蛹可食用，可做药材。柞蚕是人类驯养的经济类昆虫，在中国运用柞蚕丝及饲养柞蚕已有近三千多年的历史。它们主要分布在我国东北、华北、华南、西南等地。

1. & 2. 卡宴满德凤蝶（*Le Chapelet bleu, de Cayenne*）

卡宴满德凤蝶，是凤蝶科、凤蝶属、德凤蝶亚属的一种蝶，是非洲东部毛里求斯岛当地特有的地方性物种。满德凤蝶翼展为9~10厘米。翅膀正面主要是棕黑或黑色，多个绿色斑块在翅面上点缀，后翅黑色，有非常短的尾突，成波浪状起伏。翅膀反面呈棕色，虫身腹部、胸部、头部也是。满德凤蝶可以在毛里求斯全岛见到。因为幼虫是植食性，以柑橘作为寄主植物。

3. 瓜德罗普玉带凤蝶（*L'Echarpe, de la Gouadeloupe*）

瓜德罗普玉带凤蝶，别名白带凤蝶、黑凤蝶，是凤蝶属美凤蝶亚属的一个常见物种，在亚洲乃至东欧广泛分布。多在阳光普照时，于市区、山麓、林缘和花圃活动。喜爱访花，尤其是马缨丹、龙船花、茉莉等植物，寄主植物多为木兰科和芸香科。玉带凤蝶的翅呈黑色，绿色斑纹横贯全翅，犹如一条玉带，因此得名。

1. & 2. 秘鲁斑马凤蝶 *(Le Flambé du Perou)*

秘鲁斑马凤蝶，是凤蝶科、青凤蝶族的一种大蝴蝶蝶，翼展为 8~8.5 厘米。前翅边上有多道栗色条纹，最为突出的特征，是在白色后翅的栗色边上，有新月形红斑以及一条很长的尾突。幼虫以番荔枝属树木为寄主植物。斑马凤蝶分布于墨西哥、哥斯达黎加、巴拿马，以及南美洲北部、西部沿海的圭亚那、法属圭亚那、苏里南、玻利维亚、委内瑞拉、秘鲁与巴西。

3. & 4. 瓜德罗普金凤蝶 *(Le Tigré de la Gouadeloupe)*

瓜德罗普金凤蝶，又名黄凤蝶、茴香凤蝶，是属鳞翅目、凤蝶科的大型蝶，翼展 8~9 厘米。翅金黄色，富有光泽。黑色宽带与黄色斑点相互映衬，臀角有一个大而醒目的赭黄色斑。反面斑纹同正面，但色较浅。金凤蝶喜爱在明媚阳光下飞舞盘旋，采食花粉与花蜜。体态华贵，纹色艳丽，有"能飞的花朵""昆虫美术家"的雅称。幼虫多寄生在茴香等植物上，又名茴香虫。分布范围广，多在北半球的温带，如欧洲、北非、亚洲、北美。

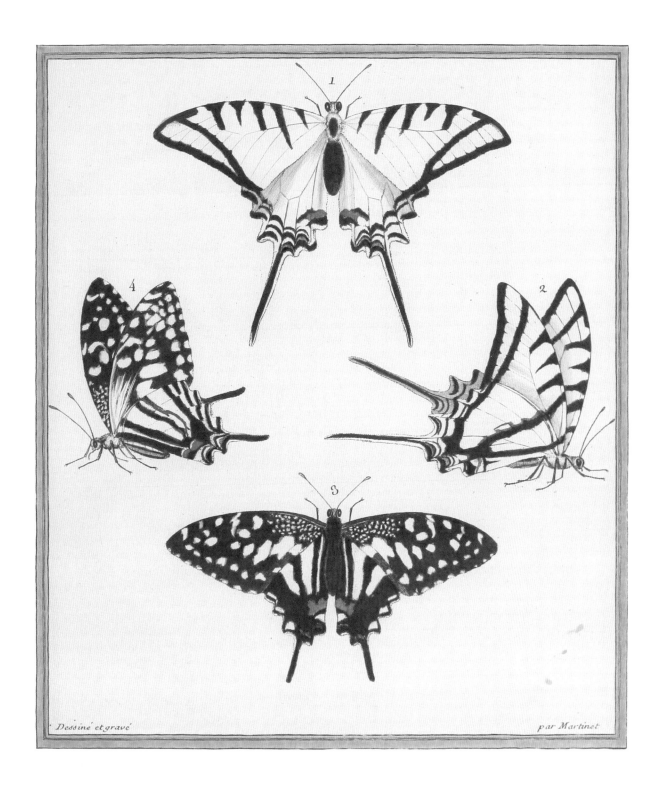

绿鸟翼凤蝶（*Le Frangiverd*）

　　绿鸟翼凤蝶，又名东方之珠蝶，是凤蝶科、鸟翼凤蝶属的一个物种，为印度尼西亚国蝶，也是世界上非常珍稀的蝶类昆虫之一。有多个亚种，分布于大洋洲，从马六甲到巴布亚新几内亚、所罗门群岛和澳大利亚北部。雌雄异形，雄蝶通常具有大面积的绿、蓝色，泛出金属光泽；雌蝶颜色较暗淡，翅型也不同。常出现于热带雨林，在树冠层或灌木层中活动。多数成虫喜访花，于晨间、黄昏飞舞，吸食花蜜。

飞蜥 (*Lézard-volant*)

飞蜥, 别称飞蛇、飞龙。全身覆满小鳞片, 有很长的脚与尾巴, 尾巴一般不易断, 不会自割与再生。主要以昆虫为食, 地栖或树栖。爬行、休息时, 翼膜像折扇一样收拢在体侧; 林间滑翔时, 则向外展开。若发现入侵者, 雄性个体会伏地挺身, 或者点头, 动作富有节奏感。它们分布在旧大陆大部分地区的热带雨林、山地森林、荒漠与干草原等处, 但最多见于澳大利亚、南亚和非洲。

火珊瑚（*Grand Pore*）

　　火珊瑚，是腔肠动物门、水螅纲、多孔螅目、千孔珊瑚科、千孔珊瑚属的一种水螅。外观像珊瑚，实际上并不是。营群体生活，成千上万个个体一起长在岩石和珊瑚之上。骨骼呈鲜黄绿色及褐色，呈筒状。它们的表面很光滑，水螅虫纤小近乎透明，肉眼几乎看不出。含有毒性强烈的刺丝胞，如果碰到皮肤，会产生火一般的灼烧感。它们的形态不突出，色彩亦平淡。广泛分布在热带及亚热带水域，是重要的造礁珊瑚。

Dessiné et Gravé par Martinet.

波旁岛红柳珊瑚（*Litophyte de l'Isle de Bourbon*）

　　波旁岛红柳珊瑚，是珊瑚纲、八放珊瑚亚纲、柳珊瑚目的一种珊瑚，呈树枝状，枝条纤美，质地柔韧，形似柳树。全株呈红色，为一个群体，由许多珊瑚虫构成，以中轴骨骼支持。靠羽状触须捕捉海水流动时带来的小动物和植物为食。必须在适宜的水温、丰富的底质、清澈的水质及充足的阳光等环境条件下，才能良好生长。主要分布于南、北纬 30 度之间的热带及亚热带浅水海域。

Dessiné et Gravé par Martinet.

家鸡（*Coq hupé*）

    家鸡是由雉科原鸡属的原鸡长期驯化而来，品种很多，如来航鸡、九斤黄、澳洲黑等。该种家鸡与普通公鸡不一样的地方，是它们在头上竖起一簇羽毛，而且肉冠较小。这是因为食物营养没有在肉冠处积聚使其膨大，而是多用于羽毛生长。雄鸟上体金黄、橙黄或橙红色，泛着金属色泽，羽色鲜丽。尾羽丰盛，高高翘起，黄色翅羽间覆有白色。它们营群居生活，在地面四处啄食。作为鸟类，仍保持飞翔的能力。

delineé et gravé par Martinet

星鸦 (*Casse－noix*)

　　星鸦，是鸦科、星鸦属的鸟类。体长 29~36 厘米，体重 50~200 克，寿命约八年。体羽大致为咖啡褐色，遍布白色斑。飞翔时，黑色的两翅、白色的尾下覆羽和尾羽白端都很醒目。栖息于松林，以松子为食，会将收集的松子藏在树洞里和树根底下，准备冬天食用。常常单独或成对活动，偶尔集成小群。动作斯文，飞行起伏而有节律。它们是一种典型的针叶林鸦类，分布于古北界北部、日本及中国台湾、喜马拉雅山脉至中国西南及中部。

白眉歌鸫（*Mauvis*）

　　白眉歌鸫，土耳其的国鸟，鸫科、鸫属。体长 20~24 厘米。雄鸟与雌鸟相似，背部褐色，白色上身布有褐色斑点，下体具纵纹。最特别之处，在于身体两侧及双翼底下呈红色，眼睛上有奶白色斑纹，故称"白眉"。以昆虫、蚯蚓、水果等为食，却很少用它的喙挖，只是啄食。尤爱交际，冬天会形成超过两百只的大群。栖息在冻土层的针叶林及桦木属森林，在欧洲及亚洲北部繁殖，有迁徙性，偶有越冬鸟至中国新疆西北部的阿尔泰山。

戴胜 (*La Hupe*)

　　戴胜是以色列国鸟，共有 9 个亚种。体长一般 26~28 厘米。头、颈、胸淡棕栗色，头顶耸立着羽冠，色略深且各羽具黑端。停歇或在地上觅食时，羽冠张开，形如一把扇，遇惊后立即收贴于头上。性情较为驯善活泼。繁殖期间，雄鸟常为保卫领地而战斗，互相冲击。主要以昆虫为食，在树洞里做窝，栖息于山地、平原、森林、林缘、路边、河谷、农田、草地、村屯和果园等开阔地方，主要分布在欧洲、亚洲和北非地区。

翘鼻麻鸭（*Tadorne*）

　　翘鼻麻鸭是大型鸭类，体重600~1700克。头和上颈为黑色，上翘的嘴为红色，自背至胸有一条宽阔的栗色环带。喜欢成群生活，性情机警，不断伸颈张望，距人百米外即要飞走。善游泳潜水，也善陆地行走。主要以水生昆虫、小鱼、甲壳类等为食，栖息在淡水里及其附近的草原、荒地、农田等各类环境中，尤喜平原上的湖泊地带。繁殖区从欧洲、中亚，往东一直到东西伯利亚、蒙古，在欧洲南部、非洲北部、伊朗、印度、朝鲜、中国等地越冬。

非洲黑鵙（*Pie – Grièche du Sénégal*）

　　非洲黑鵙，为雀形目、丛鵙科的小型鸣禽，身长约二十二厘米。尾长翅短，具有强大的、通常是弯曲并带有锯齿的鸟喙。善于鸣啭。以昆虫为食。常常出没于森林的灌木丛、树木繁茂之处。分布在非洲赤道附近，范围从塞内加尔、刚果民主共和国到埃塞俄比亚东部。

1. 苍头燕雀 (*Pinçon*)

苍头燕雀，为雀形目、燕雀科的鸣禽，在欧洲最常见。头顶淡蓝色，面和胸呈粉红至赭色，白色肩块及翼斑十分醒目。主要以杂草种子、果子等植物为食，繁殖期间则主要以昆虫为食。喜居开阔林地，繁殖期间成对活动，迁徙时集群多达成百上千，晚上常在树上过夜。分布范围自欧洲、北非至西亚。

2. 阿登燕雀 (*Pinçon D'ardennes*)

阿登燕雀，属小型鸟类，体长14~17厘米。雄鸟从头至背呈灰黑色，喙下至胸呈橙黄色，黑翅上具白斑。雌鸟与雄鸟大致相似，只是体色相对较淡。主要以杂草种子、果子等植物为食，对农业有一定害处，繁殖期间也吃昆虫，对森林亦有益处。迁徙习性与苍头燕雀相似，分布在北欧、亚洲，从挪威到勘察加、南欧、中国等地。

1. 家麻雀，幼鸟 (*Moineau franc, jeune*)

家麻雀雄鸟与雌鸟在外观上基本相似，没有显著区别，而幼鸟体型较小，体羽呈较深的褐色。在屋檐下、砌砖石块的空隙、岩石间、长春藤、灌木丛和海边山崖上都可以看见它们筑的巢。雌鸟每次产卵 5~7 枚，雌、雄鸟轮流孵卵，孵化期 11~14 天。雌性亲鸟共同育雏，12~15 天喂食后，幼鸟即可离巢。

2. 多米尼加冕蜡嘴鹀 (*Cardinal Dominiquain*)

多米尼加冕蜡嘴鹀，为鹀科、蜡嘴鹀属的小型鸣禽，体长 16.5~20 厘米。雄性比雌性体型大些，喉部更红。头与喉部都是红色，背呈浅灰色及黑色，腹部呈白色，双翅及尾羽呈黑色，眼睛呈栗色。喜欢成对活动，以植物种子为主食。喜爱开阔或半开放、干燥或半湿润的栖息地。分布在巴西东北部，后引进里约热内卢和圣保罗。

Dessiné et Gravé par Martinet

菲律宾栗喉蜂虎（*Grand Guépier, des Philippines*）

　　栗喉蜂虎，别称红喉蜂虎，蜂虎科、蜂虎属。有热带鸟类羽毛艳丽的特征，栗红色的喉部、黑色的过眼纹、绿色的背与翅膀、蓝色的尾翼，在阳光照射下，全身闪烁着金属般的艳丽光泽。以昆虫为主要食物，群聚捕食，栖息于海拔 1200 米以下的开阔地带，常栖于裸露树枝或电线上。主要分布在东南亚一带。

圣基尔达岛暴雪鹱 (*Petrel de l'Isle St. Kilda*)

　　圣基尔达岛暴雪鹱,别称暴风鹱、管鼻鹱,为鹱形目、鹱科的中型海鸟,体长45~48厘米。特点在于鼻呈管状,嘴由数枚角质片构成。除了繁殖期间栖息于悬崖石壁或地洞中,其余时候从不上陆地。白天黑夜毫不疲倦,时而迅速鼓动强直的两翅紧贴海面上空飞行,时而长时间地在海面上空滑翔。性喜集群,常成群捕食海洋无脊椎动物,也吃腐肉,多分布在北半球中高纬度地区及冷水海域。

1. 北美黄林莺，雌性 （*Figuier de la Caroline*）
2. 北美黄林莺，雄性 （*Figuier de Canada*）

　　北美黄林莺，为森莺科、林莺属的小型鸣禽，体长 12~13 厘米，寿命约十年。雌鸟颜色没有雄鸟艳丽，胸腹也没有浅红色斑纹。头、上体、翅、尾颜色几乎连成一片，为暗绿色，下体全是漂亮的黄色。栖息于北美东部，包括沼泽边、溪流边、灌丛、果园和花园，在地面四处走动、快速跳跃。从落叶层或低矮植被中搜捕毛虫等昆虫为食。在西部，主要活动于溪边灌丛。往热带越冬时，则在半开放的森林公园、林地边缘和村镇出现。

3. 橙胸林莺 （*Figuier Etranger*）

　　橙胸林莺，森莺科、橙尾鸲莺属。小型鸟类，身长 11~13 厘米。雄鸟羽色较雌鸟鲜艳，头顶及两侧、喉部、颈下及两侧是漂亮的橙色，下体与翅羽呈浅红棕色，胸腹呈浅黄色，翅上覆羽黑、白色渐变。春夏时节，雄鸟颜色会变得异常鲜艳。主要栖息于针叶林地带，分布在北美地区、中美洲和南美洲的国家与地区。

Dessiné et Gravé par Martinet.

几内亚红脸情侣鹦鹉，雄性 *(Petite Perruche Mâle de Guinée)*

　　红脸情侣鹦鹉，鹦形目、鹦鹉科。体长约十五厘米，体羽为绿色，尾羽基部呈浅蓝色。前额、脸部前端为橘红色，雌鸟的脸比雄鸟色浅，为橘黄色。以植物种子、水果、浆果等为食，常集群危害农作物和果园。生性相当胆小，警觉性高，无法近距离观察，却是一种非常喜欢群居、极为深情亲切的鹦鹉，故又称红脸牡丹鹦鹉、红脸爱情鸟。分布区域从中非洲的海岸，延伸到埃塞俄比亚的西部。

devine et gravé   par Martinet

虹彩吸蜜鹦鹉 (*Perruche d'Amboine*)

　　虹彩吸蜜鹦鹉，别名红胸五彩鹦鹉、彩虹鹦鹉、小五彩鹦鹉，共有 21 个亚种。喙为桔红色，羽色鲜艳多彩，头顶、下颌及脸颊呈深蓝色；胸部呈红色，覆有黑色横纹；背、翅膀和尾羽为绿色，尾羽下覆羽为黄色。它们生性活泼爱玩，相当受人欢迎。栖息于低地森林、开阔林地、公园和庭院中，常成对或集群活动，主要以花粉、花蜜、种子等为食。分布在澳大利亚、印度尼西亚、巴布亚新几内亚和所罗门群岛。

塞内加尔斑鱼狗 (*Martin – Pêcheur du Sénégal*)

斑鱼狗，是翠鸟科、鱼狗属的中型鸟类，体长 27~31 厘米。通体呈黑、白斑杂状，翅上有宽阔的白色翅带，飞翔时极明显。斑鱼狗主要栖息于低山和平原溪流、河流、湖泊、运河等开阔水域岸边，成对或结群活动于较大水体及红树林中。性喜嘈杂，食物以小鱼为主，是唯一常盘桓水面寻食的鱼狗。一见鱼群，立刻收敛双翅，一头扎入水中捕食，然后急剧升起。叫声为尖厉的哨音。

美洲红鹳（*Flamant d'Amérique*）

　　美洲红鹳，又称加勒比海红鹳，是一种大型的火烈鸟，体长 120~145 厘米，翼展 130~150 厘米，体重 2200~2800 克。外形优美，头小，颈细长弯曲成"S"形，脚也极细长，身躯显得尤其庞大。体羽白中带玫瑰色，特别是翅膀的羽毛就像一团熊熊燃烧的烈火。分布于美洲。栖息于温热带盐湖、沼泽等浅水区，主要滤食藻类和浮游生物。性怯懦，喜结群，往往成千上万只出现，场面异常壮观。一只飞上天空，就会一大群紧紧鸣叫跟随。

天牛 (*Capricornes*)

1. 卡宴长臂彩虹天牛 (*L'Arlequin, de Cayenne*)

长臂彩虹天牛，俗称丑角甲虫，是昆虫纲、鞘翅目、天牛科的一种大型甲虫，主要分布在墨西哥和南美洲。体长 3~8 厘米，前肢通常比整个身体还长。长臂既可吸引异性，也有助于树间爬行穿梭。身上有斑驳的黑与淡红色精细图纹，翅翼表面有黄绿色斑纹。花纹俗丽，故有丑角之称。这种美丽的甲虫以植物汁液为食，在已枯或快枯的树干上产卵。活动时间在白天，但也会被夜间的光源吸引。

2. 卡宴泰坦大天牛 (*Le Thuste, de Cayenne*)

泰坦大天牛，是生活在南美洲地区的一种神秘大型甲虫。体长可达 16.7 厘米，是身长排名第二的甲虫，仅次于长戟大兜虫。拥有强大的下颌，能够一口咬断木制铅笔。成虫从不进食，长大的唯一目的就是交配繁殖，身体所需能量完全来自幼虫时期。由于身体过重，不会直接从地面飞起，一般从树上起飞。遇到危险时会上下运动脑袋，使脖子上的壳产生摩擦，发出嘶嘶的警告声来自我保护。

1.

2.

Dessiné et gravé par Martinet

螳螂 (*Mantes*)

1. 卡宴巨翼竹节虫 (*Le grand Soldat de Cayenne*)

卡宴巨翼竹节虫，是昆虫纲竹节虫目一种有翅的大型竹节虫，并非螳螂。身体形状细长似竹节，头卵圆形，口器为咀嚼式，复眼小。有两对翅，雌性体型比雄性大，身长 21~23 厘米，而雄性身长 14~14.5 厘米。身体呈绿色，翅上带褐色。行动迟缓，夜间活动，为植食性，喜爱灌木和乔木的叶片，危害植物。白天静静趴在树枝上，伪装巧妙，不易被发现。

2. 法属圣多明戈螳螂 (*La Fraise de St. Domingue*)

螳螂，亦称刀螂，是无脊椎动物。在昆虫中体型偏大，体长 5.5~10.5 厘米。雌性体型一般比雄性较大。身体为长形，多为绿色。标志性特征是像两把大刀的前肢，上有一排坚硬的锯齿，末端各有一个钩子，可以钩住猎物。头呈三角形，复眼突出。为咀嚼式口器，上颚强劲。螳螂捕猎各类昆虫为食，是农业害虫的重要天敌。

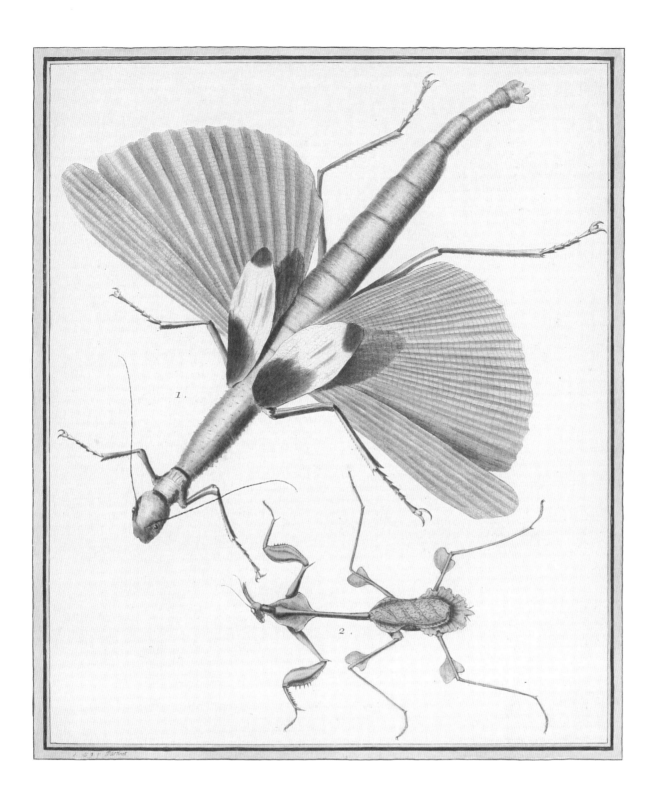

蛾 (*Phalènes*)

1. 卡宴乌桕大蚕蛾 (*La Vitrée de Cayenne*)

　　乌桕大蚕蛾，是鳞翅目、大蚕蛾科的一种大型蛾类，也是世界最大的蛾类，翅展可达 18~21 厘米。身体有毛，与巨大翅膀相比显得极为细小。触角呈羽毛状，翅面呈红褐色，前后翅中央各有一个三角形无鳞粉的透明区域。前翅先端向外明显突伸，有一枚黑色圆斑，像蛇头、蛇眼，有恫吓天敌的作用。根据地理位置、亚种的不同，乌桕大蚕蛾呈现不同的体纹与颜色。它们数量稀少，十分珍贵，属于受保护的种类。

2 & 3. 苏瓦松丁目大蚕蛾 (*La Hachette, du Soissonnois*)

　　苏瓦松丁目大蚕蛾，是鳞翅目、大蚕蛾科、丁目蚕蛾属的一种蛾类。头呈棕赭色，触角呈灰棕色，前后翅各有一个黑色眼形斑，后翅的比前翅的大。黑色眼斑中部呈蓝灰色，中央有一个"丁"字形的白色斑纹，像一柄闪闪发亮的小斧头。寄主植物为桦树、桤木、椴树。在中国分布于四川、山西、青海等地，在国外分布于日本、朝鲜等国家。

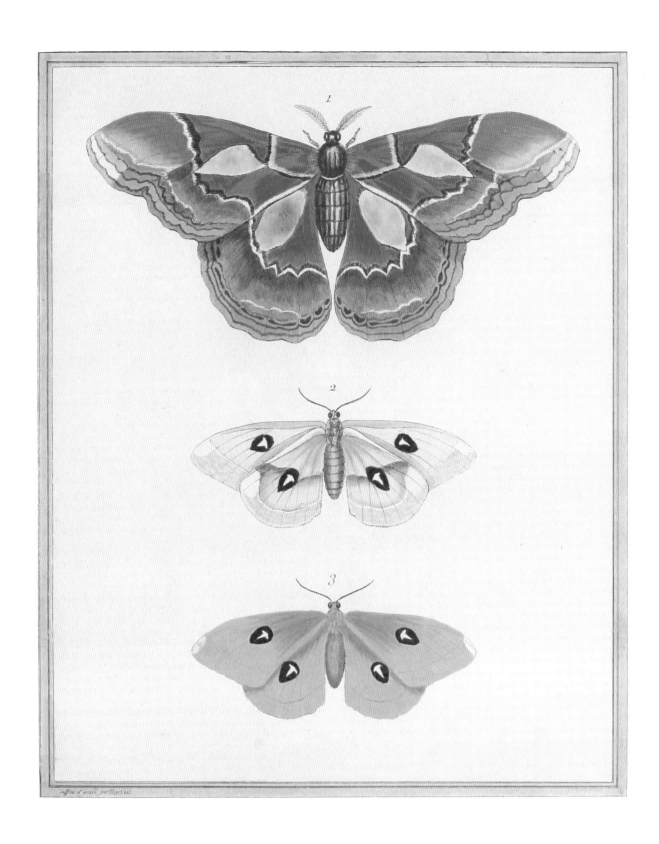

1. 豹尺蛾（*L'Arlequine*）

　　豹尺蛾，是鳞翅目、尺蛾科、豹尺蛾属的一种小蛾子。触角为双栉形，体粗壮，杏黄色。前翅狭长，前翅长 3.8~4.1 厘米，端半部为蓝紫色，有两列半透明的圆形白斑，基半部为杏黄色，缀以黑斑，像豹纹，是一种可以与彩蝶媲美的漂亮飞蛾。幼虫呈黄色，吃竹节树的叶片。成蝶白天活动，飞行能力较强，行动敏捷。分布在中国云南、福建、广西、广东、海南等地，以及印度、泰国、越南、柬埔寨、马来西亚、印度尼西亚等国家。

2 & 3. 马提尼克岛大造桥虫（*La Bergame, de la Martinique*）

　　马提尼克岛大造桥虫，是鳞翅目、尺蛾科的一种蛾。成虫体长 1.5~2 厘米，翼展 3.8~4.5 厘米。体色变异很大，有黄白、淡黄、淡褐、浅灰褐色，一般为浅灰褐色。蛹长 1.4 厘米，深褐色有光泽。一般每年生产三次。以蛹的形态在树下泥土里 8~10 厘米深处越冬，翌年 3 月下旬至 4 月下旬羽化出土。初孵幼虫十分活泼，爬行敏捷，蚕食叶片，可吐丝随风飘落到附近树木上。

4 & 5. 马提尼克岛尺蛾（*La Console, de la Martinique*）

　　马提尼克岛尺蛾，是鳞翅目、尺蛾科的一种尺蛾。体长约三厘米，是一种较小的蛾类。身体细长，翅宽，形似枯叶，常落在颜色与翅色一致的环境中。翅膀正面呈浅黄与橙色，前翅基部与端部皆带橙色斑，顶角向外尖锐突出，臀角处有一个白斑。翅膀反面色泽比正面暗些，斑纹较少。幼虫仅有两对腹足，爬行时弯腰弓背，造桥前进，故又名步曲、造桥虫。幼虫取食树木的叶片与嫩芽，对农林业有一定危害。

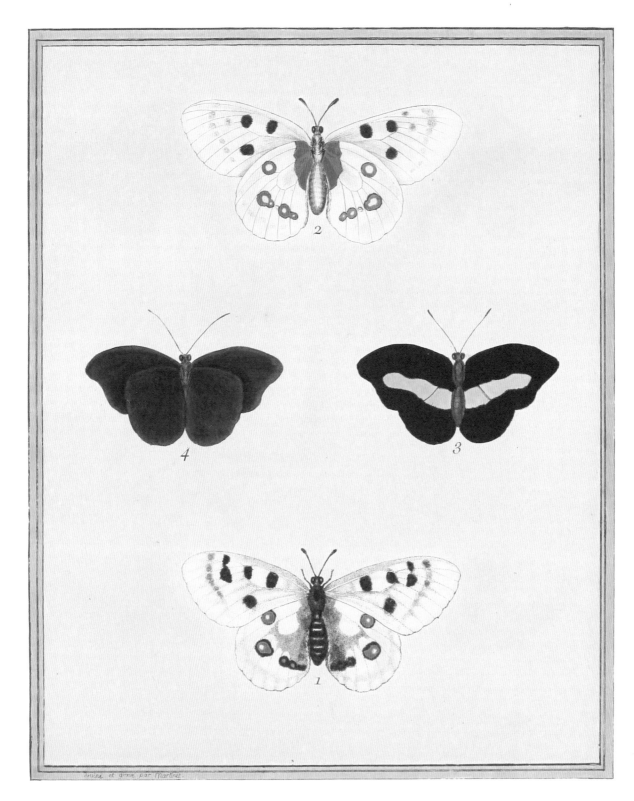

1 & 2. 阿波罗绢蝶（*L'Alpicola*）

阿波罗绢蝶，鳞翅目、绢蝶科，是中国蝶类中最为珍贵的蝶类之一，数量十分稀少，在波兰和西班牙已灭绝，在我国也仅分布于新疆，为濒危物种。阿波罗绢蝶翅膀为白色，半透明，稍带黄色。前翅有几个大黑斑，后翅有两个大而鲜明的红斑。栖息于海拔750~2000米的山区，耐寒性强，有的能在雪线上活动。

3 & 4. 中国黄标云蛱蝶（*Le Velouté de la Chine*）

中国黄标云蛱蝶，是蛱蝶科、芷蛱蝶亚科、芷蛱蝶族的一种大型蝶类，原产秘鲁，分布在法属圭亚那、苏里南、巴西、厄瓜多尔、哥伦比亚、巴拉圭，以及玻利维亚。翅膀正面呈黑色，一条橙黄色的横条带从前翅中部向内延伸，被前翅覆于下方的后翅也有一条相同颜色的横带，正好与之吻合连成一条，横穿翅膀，引人注目。雄蝶休息时，黄带纹成为一个具有威慑性的标志，避免天敌捕食。

dessiné et gravé   par Manuel

瓜德罗普大黄带凤蝶（*Le Festonné de la Gouadeloupe*）

　　大黄带凤蝶，是凤蝶科的一种大型蝴蝶。翼展 10~16 厘米，是美国与加拿大最大的一种蝴蝶。其像一个三角形，翅面呈栗色，饰以黄色斑块连成的漂亮条纹。最明显的特征是后翅的黑色尾突中有一块黄斑，两翅近臀处各有一块橙色斑，呈新月形。翅膀反面为黄色，栗色脉纹突出。幼虫褐色，呈马鞍状。它们在北美较为常见，主要分布在美国和加拿大的南部、东部，也有活动于南美的，仅限于哥伦比亚和委内瑞拉。

1. 法属圣多明戈珠袖蝶 (*Le Rocou, de St. Domingue*)

    珠袖蝶，是蛱蝶科的一种蝶，翼展 8.2~9.2 厘米，为橘色。雄蝶色彩较雌蝶亮丽，带有黑色斑纹。原产于巴西至德克萨斯州南部、佛罗里达州等地，经常出没于空地、道路、森林及林地边缘，飞行速度很快。成虫吸取花蜜为食，如马樱丹和咸丰草等的花蜜，幼虫喜食西番莲。寿命长，白天活跃，所以流行于蝴蝶园。

2 & 3. 法属圣多明戈银纹红袖蝶 (*Le Nacré, de St. Domingue*)

    红袖蝶，蛱蝶科、釉蛱蝶亚科、银纹红袖蝶属。身体呈亮橙色，带栗色斑纹。与其他蝴蝶相比，银纹红袖蝶的翅膀长且窄，中等体型，翼展为 6~9.5 厘米。翅膀反面为浅黄色，点缀着珍珠般的银白色大斑点。常活动于公园、花园及乡村，分布范围从阿根廷到中美洲、墨西哥和加勒比，直到美国南部，北至西海岸的旧金山湾区。

4. 法属圣多明戈黄条袖蝶 (*Le Quinteraye, de St. Domingue*)

    黄条袖蝶，是中等大小的美丽蝴蝶。翅面以具有神秘感的黑色为基调，饰以五条色彩明快的黄色横纹，黑黄相间，如斑马纹，因而俗称"斑马长翅蝶"。翅膀狭窄，腹部细长，触角较长。翼展为 6~10 厘米，飞行缓慢。主要分布在美国北部（得克萨斯州和佛罗里达州）、委内瑞拉、秘鲁，以及大、小安的列斯群岛。

1

2 3

4

有尾蝶蛾（*Papillons à queue*）

1. 卡宴月亮蛾（*Le Page, de Cayenne*）

　　卡宴月亮蛾，燕蛾科，又名锦纹燕尾，与太阳蛾并称世界上最贵、最艳丽的蛾。翅膀折射出的光辉犹如来自太阳，五彩缤纷，惹人喜爱。翼展 5~9 厘米，尾突较长。前翅黑色，覆以绿色条纹，后翅末端有两条白色大长尾。成虫身体表面有长毛保护，以热带有毒的大戟属植物为食。原产地是墨西哥和秘鲁，分布在南美洲的哥伦比亚、委内瑞拉、厄瓜多尔、巴西、秘鲁、法属圭亚那及加勒比。

2 & 3. 法属圣多明戈蚩龙凤蛱蝶（*Le Tafetas rayé, de St. Domingue*）

　　蚩龙凤蛱蝶，蛱蝶科、线蛱蝶亚科。翼展 4.8~6.7 厘米，后翅分别有一条很长的尾。翅面呈褚色，具深褐色的平行条纹。反面是浅褐色，条纹褚色或浅灰色。分布在古巴、海地、牙买加、美国的得克萨斯州南部、墨西哥、危地马拉、哥伦比亚、委内瑞拉、厄瓜多尔、玻利维亚、秘鲁、阿根廷、巴西、苏里南和圭亚那。

4 & 5. 中国绿灰蝶（*Le Brun-verd, de Chine*）

　　绿灰蝶，别名绿底小灰蝶，鳞翅目、灰蝶科，翼展宽 3.4~4.2 厘米。雄蝶翅面呈黑褐色，从前翅中央至后翅及其中央有蓝紫色斑，具金属光泽；雌蝶翅面深褐色，后翅亚外缘具四枚白斑。雌、雄蝶翅膀腹面均为灰绿色。成蝶于春夏两季出现，喜访花，栖息于平地中等海拔地区。绿灰蝶为东洋区所特有，全世界记载四种：中国有两种，分布于广东、广西、西藏、海南、云南、福建、香港等地；国外分布于日本、印度、泰国、印度尼西亚、马来西亚等国家。

1 & 2. 苏里南海神袖蝶 (*Le Parasol de Surinam*)

苏里南海神袖蝶，蛱蝶科、釉蛱蝶亚科。翅长而圆，从栗色渐至暗蓝，在前翅中有一些大白斑，后翅基部为橙色或者蓝色。头也是橙色，两条触角呈黑色，身体呈白色，带有黑色斑点。成虫寿命超过九个月，寄主植物是西番莲科、西番莲属。分布在圭亚那、法属圭亚那、苏里南、哥伦比亚、委内瑞拉、洪都拉斯、巴拿马、玻利维亚、巴西和秘鲁，栖于森林边缘采光良好的地方。

3 & 4. 苏里南红裳佳袖蝶 (*Le Guidon de Surinam*)

苏里南红裳佳袖蝶，蛱蝶科、釉蛱蝶亚科。翼展约六点五厘米。从正面看，前翅基部为橙色，其余部分为栗色，上面列有一群黄色斑点；后翅呈栗色，从基部延伸出小片橙色。反面的色泽较为平淡。幼虫身体为白色，有黑点，头为橙色，寄主是西番莲科植物。分布在南美洲的圭亚那、法属圭亚那、苏里南、哥伦比亚、委内瑞拉、厄瓜多尔、秘鲁和巴西，栖于森林，海拔可至 1200 米。

松鸡，雄性（*Coq de Bruyère*）

　　松鸡，为走禽。雄鸟体长 87~125 厘米，体重 3600~5050 克，羽色鲜艳，具大肉冠，身披美丽羽毛。羽毛呈深灰色至深褐色，喉部呈黑色，胸具蓝绿色金属光泽，腹具白色斑点，尾长而阔。栖息于高海拔的针叶林地带，以树芽、松叶、蓝莓叶、昆虫等为食。白天常在树旁空地活动，夜晚栖宿树上，冬天常在雪洞过夜。身体结实笨拙，除上、下树外，不常飞翔。分布范围从欧洲北部向南到阿尔卑斯山和巴尔干半岛，向东到亚洲。

松鸡，雌性（*Poule de Bruyère*）

　　松鸡雌鸟与雄鸟的区别在于体型与色泽不同。雌鸟较小，体长 74~90 厘米，体重 1350~2000 克，比雄鸟大约轻了一半。上身羽毛为绣褐色，下身呈浅黄色，密布黄褐色横斑。松鸡婚配类型为一雄多雌制，没有配对现象。雄鸟的求爱方式十分著名，为了争夺雌鸟和领地互相间常进行激烈的打斗。从筑巢，一直到产卵、育雏，都由雌鸟独立承担。雌鸟孵化时强烈恋巢，人到跟前也不出窝飞走，有时假装受伤，将入侵者引开后再回巢。

Dessiné et Gravé par Martinet.

法国紫翅椋鸟（*Sansonnet ou Etourneau de France*）

紫翅椋鸟，椋鸟科、椋鸟属。中等体型，体长 20~24 厘米，体羽具闪辉黑紫、绿色。栖息于荒漠绿洲的树丛中，也多栖于村落附近的果园、耕地或多树的村庄内，尤喜在高枝沐浴着阳光理毛和鸣叫，叫声为沙哑的刺耳音及哨音。以农田害虫、森林害虫为食，也会窃食果园果实，啄食稻谷。数量多，结小至大群于开阔地觅食。主要分布在欧亚大陆及非洲北部，印度次大陆及中国的西南地区。

冠小嘴乌鸦（*Corneille mantelée*）

　　冠小嘴乌鸦，是从鸦科鸦属的小嘴乌鸦中分出的一种鸟。身体由灰、黑两色组成，除了头部、喉部、翅膀、尾羽、腿的羽毛呈光亮的黑色，其余均为灰色。雌、雄相似，雄鸟体型较雌鸟大些，体长48~52厘米。飞行缓慢笨拙，通常呈直线飞行。杂食性动物，以腐尸、软体动物、蟹、人类剩食等为食，会趁着其他种类的鸟不在巢中，前去窃取鸟蛋为食。

Dessiné et Gravé   par Martinet.

普通翠鸟 (*Martin pêcheur*)

　　普通翠鸟，是人们最熟悉的一种小型翠鸟。体长 16~17 厘米，体重 40~45 克，寿命约十五年。体羽色彩艳丽分明，头、翅、尾羽呈冷的蓝色，下体呈较暖的红棕色。性喜孤独，常单独活动。主要栖息于林区溪流、平原河谷、水库、水塘甚至水田岸边，经常久久注视水面，一见鱼虾等食物，立刻飞扑抓捕。分布在北非、欧亚大陆、日本、印度、马来半岛、新几内亚和所罗门群岛。

卡宴盔凤冠雉（*Faisan. Le Pierre de Cayenne*）

　　卡宴盔凤冠雉，又名灰凤冠雉，是凤冠雉科、盔凤冠雉属的一种大型凤冠雉鸟，体长约九十一厘米。上身为黑色，下身为白色，尾羽末端呈白色，喙为橙红色，前额上立着一朵引人注目的蓝灰色凤冠。栖息于密林中，主要吃种子、果实、昆虫及细小动物。分布在南美洲，包括哥伦比亚、委内瑞拉、圭亚那、苏里南、厄瓜多尔、秘鲁、玻利维亚、巴拉圭、巴西、智利、阿根廷、乌拉圭以及马尔维纳斯群岛。数量在急剧减少，为濒危动物。

中国黑头黄鹂 (*Loriot de la Chine*)

　　黑头黄鹂，为黄鹂科、黄鹂属的一种中等体型鸟类。雌雄同色，体羽大致为黄与黑。喜欢单独或成对活动，叫声如流水般的笛音，间杂粗哑音。主要以树木和灌木的种子、果实、幼芽、嫩叶等植物性食物为食。栖息于海拔三千米以上的高山针叶林和针阔叶混交林、桦树林、栎林林线以上的杜鹃灌丛和矮树丛中，分布在尼泊尔、巴基斯坦、印度、斯里兰卡、马来半岛、加里曼丹岛及中国的云南等地。

巴西美洲红鹮，两岁 （*Courly rouge du Brésil, de l'âge de deux ans*）

美洲红鹮，别名红朱鹭，是鹮科美洲红鹮属的一种著名鸟类。雌、雄色泽类似，雄鸟体型略大些，然而幼鸟与成鸟的颜色差别较显著。成鸟全身鲜红，幼鸟则呈灰色及白色，脸部为橙黄色，体羽呈烟灰色或带有玫瑰光泽。幼鸟在沼泽中吃红蟹，羽毛渐渐出现红色斑点，两年后才完全达到成鸟的羽毛颜色。栖息于南美洲热带及特立尼达，是特立尼达国鸟，现今只分布在拉丁美洲的哥伦比亚到巴西的部分沿海地带。

巴西美洲红鹮，三岁 (*Courly rouge du Brésil, de l'âge de trios ans*)

　　巴西美洲红鹮成鸟，体长 56~61 厘米，体重 772~935 克，野外寿命约十五年，饲养状态下能活约二十年。除了翼端、长喙呈黑色，浑身上下连腿和脚趾都呈鲜红色，是世界上最红的鸟类之一。喙细长弯曲，以泥潭、沼泽中的小鱼、蛙、贝类等小动物为食，会在树上筑巢、过夜。叫声高昂而忧伤。常结群活动，齐飞时，犹如一团团火焰升起，场面十分壮观。具有极高的观赏价值，是世界上珍稀名贵的鸟类，也是最濒危的鸟类之一。

Dessiné et gravé par Martinet

卡宴鵎鵼 （*Toucan de Cayenne, appelé Toco*）

　　卡宴鵎鵼，又名巨嘴鸟，体长约六十七厘米。嘴巨大却较轻，长 17~24 厘米，宽 5~9 厘米，色彩漂亮而惊人，观赏价值极高。常结小群活动，是杂食性鸟类，主要以果实、种子、昆虫、鸟卵和雏鸡等为食。在树洞营巢，产白色卵 2~3 枚。分布在美洲热带森林地区，从墨西哥中部至玻利维亚和阿根廷北部，西印度群岛除外。巨嘴鸟频繁在人类的各种作品中出现，堪称美洲热带森林的传统象征。

1. 好望角辉绿花蜜鸟 （*Grimpereau à longue queue, du Cap de Bonne Espérance*）

　　好望角辉绿花蜜鸟，是分布在埃塞俄比亚向南至南非高地的一种小型食蜜鸟类。雄鸟体羽大致为具有金属光泽的辉绿色，中央尾羽极长，长达约二十五厘米，雌鸟的短些，约十五厘米。喙细长弯曲，舌为管状，富伸缩性，先端分叉，方便取食花蜜。主要以花蜜为食，也吃昆虫，尤其是在喂雏时。栖息在海拔高度可达 2800 米的高山硬叶灌木群落、山地和沿海矮树林，也会出现在公园和花园中。

2. 巴西红脚旋蜜雀 （*Grimpereau du Brésil*）

　　红脚旋蜜雀，属裸鼻雀科的小型鸣禽，长约十二点二厘米，重约十四克。有一稍微弯曲的黑色长喙。雄鸟体羽呈蓝紫色，黑色翅膀、尾、背，脚为鲜红色。雌鸟与幼鸟主要呈绿色，下体灰白。雌鸟的脚为红褐色，幼鸟的脚呈褐色。有 11 个亚种，主要栖息于森林边缘、开阔林地、可可和柑橘种植园。常见它们结小群活动，以昆虫、水果和花蜜为食。分布在中美洲至南美洲秘鲁、巴西、阿根廷及马尔维纳斯群岛等地。

东印度紫项吸蜜鹦鹉 (*Lory des Indes Orientales*)

　　紫项吸蜜鹦鹉，别名紫颈吸蜜鹦鹉、紫枕鹦鹉。中等体型，身长约二十八厘米，重约二百三十五克。体羽为红色，十分鲜艳。食物以花粉、花蜜、果实为主，弯曲的长喙以及细长的刷状舌方便它们探入花中取食。为了寻找充足的食物，会四处迁移。体内构造特别，存在一种消化酵素，以分解食物。常成对或结小群活动，主要栖息于人类住所附近的山区林地、森林边缘和花园等处。

Jellibt et gravé   Bar Margret

南方锥尾鹦鹉 (*Perruche des terres Magellaniques*)

　　南方锥尾鹦鹉，体长 34~37 厘米，体重约一百六十克。脚短，两趾向前、两趾向后，适合抓握与攀援，是典型的攀禽。喙如钩，强劲有力。以种子、水果、浆果、植物嫩芽、坚果、草根等为食，有时会用有力的喙将草根挖开，寻觅地下的植物球根或农田作物。性不甚惧人，容易接近。常成对活动，繁殖期间结小群，十至一百只左右。栖息于森林地带、半开阔的乡村以及农耕地区等处，分布在阿根廷、智利、福克兰群岛、南乔治亚岛和南桑威奇群岛。

Venné et gravé par Martinet

法属圭亚那大凤冠雉 (*Hocco, Faisan de la Guiane*)

　　大凤冠雉，是凤冠雉科中体型最大的一种，体长 90~93 厘米，体重 4.5~4.8 千克。雄鸟通体黑色，有光泽，与尾羽的白色形成鲜明对比。喙呈亮黄色并有肉瘤，冠羽蜷曲，繁殖期间更是蓬乱高耸。是杂食性鸟类，花费大量时间搜寻掉落的水果、浆果和种子等食物。主要栖息于由墨西哥东部经中美洲、至哥伦比亚西部及厄瓜多尔西北部的热带、亚热带雨林。栖息地的日渐丧失和狩猎使它们数量大幅下降，有可能导致灭绝。

白鹈鹕（*Le Pélican*）

　　白鹈鹕，别名塘鹅，是大型水禽，体长 140~175 厘米。身体短壮，颈却细长，嘴长而粗直。通体白色，嘴下有一个巨大的、能扩缩的橙黄色皮囊。主要栖息在湖泊、江河、沿海和沼泽地带，游泳时将鱼类食物兜入皮囊内。常结群生活，繁殖期也一起筑巢。善飞行、游泳，又善行走。飞行时颈弯曲成"S"形，水中游泳时成"乙"字形。繁殖在欧洲东南地区，越冬则在亚洲西南部以至非洲。白鹈鹕在塞尔维亚、黑山、斯里兰卡境内近绝迹，在匈牙利境内已绝迹。

安哥拉蓝头佛法僧（*Rollier d'Angola*）

　　安哥拉蓝头佛法僧，佛法僧科、佛法僧属。体长 28~30 厘米。繁殖于热带非洲撒哈拉沙漠南部的荒漠草原地带。南部的一群在雨季之后不迁移，北部的会向南作短距离迁徙。背部呈暖棕色，其余羽毛主要为蓝色，雄鸟尾部带有两条长羽。栖于温暖空旷、树木较多的乡村，在树洞或建筑中筑巢，每窝产卵 3~6 枚。常立在树上、柱子或者空中电线上，留意昆虫等食物。它们会猛冲进失火森林的烟雾里，捕猎骚乱中的无脊椎动物。

菲律宾绿胸八色鸫（*Merle des Philippines*）

　　绿胸八色鸫，八色鸫科，共有12个亚种。身材圆胖，尾短腿长。羽色丰富，头为黑色，头顶至后枕呈深褐色，胸腹为绿色，后臀腥红，绿色翅膀前端沾染小片蓝色。主要栖息于热带雨林或季雨林，常在疏林、灌木丛和小树丛等阴湿处活动觅食。它们单独活动，有时两三只一起，会用脚翻起枯枝落叶，寻找昆虫、种子和果实等食物。它们分布于印度至中国西南部、东南亚、菲律宾、苏拉威西岛、大巽他群岛及新几内亚。

天牛（*Capricornes*）

1. 塞内加尔天牛（*Capricorne du Sénégal*）

塞内加尔天牛，是昆虫纲、鞘翅目、天牛科的一个甲壳虫物种。已知它分布在南非。是完全变态昆虫，经历从卵、幼虫、蛹、成虫四个阶段。幼虫身体粗肥，呈长圆形，有特定的寄主植物。成虫呈长圆筒形，具三对足、两对翅，前翅为角质硬化的鞘翅，后翅膜质。飞行时只有一对翅能拍动，两对翅之间也不像蝴蝶那样需要连锁器以前翅带动后翅。

2. 加拿大大山锯天牛（*Capricorne du Canada*）

加拿大大山锯天牛，是鞘翅目、天牛科的一种甲虫，体型巨大，体长6.3~11厘米，体宽约二厘米。雄虫体色为深棕红至棕褐色，上颚极粗大，锯齿除前角齿外均极细小。以蒙古栎为寄主植物。天牛力大如牛，善于在天空飞翔，才得"天牛"之名。又因它发出"咔嚓、咔嚓"声响，很像在锯树，故又称作"锯树郎"。大山锯天牛便以它巨大的锯齿为重要特征，是中国最大的一种天牛，主要分布在中国东北地区，以及西伯利亚、朝鲜等地。

3. 卡宴大王长铗天牛（*Le Buflard de Cayenne*）

大王长铗天牛，黄黑两色相间的竖条花纹异常艳丽，是世界上最大的甲虫之一，最长可至16.5厘米。能有如此长度，部分归因于它巨大的下颌，锯齿壮的长铗是其他天牛所不能比拟的。一生之中的大部分时间都在幼虫阶段度过，可长达10年。成虫阶段只有几个月，忙于交配繁殖后代。主要分布在南美洲亚马逊河雨林地带：哥伦比亚、厄瓜多尔、秘鲁、玻利维亚、圭亚那、巴西和法属圭亚那。

dessiné et Gravé   par Martinet.

蝴蝶 (*Papillons*)

1 & 2. 中国鹤顶粉蝶 (*Le Soleil – levant de la Chine*)

鹤顶粉蝶，又称端红蝶，粉蝶科、鹤顶粉蝶属，是中国粉蝶中体型最大的一种蝴蝶。雄蝶翅白色，前翅顶部为三角形，黑边之中有十分引人注目的赤橙色斑。从春天的 3 月末至入冬的 12 月末，都可见其疾飞的身影，是粉蝶中飞行最快的蝶种。收拢翅膀后，只见反面枯叶般的黯淡色泽，是很好的保护色。幼虫期大约为二十天。受惊时，会将胸部膨胀并且左右摆动，如小蛇的头，可以吓退天敌。

3 & 4. 中国链环蛱蝶 (*L'Esclavage de la Chine*)

链环蛱蝶，别名黑星环蛱蝶、星三线蝶，是鳞翅目、蛱蝶科、环蛱蝶属的一个蝶种。前翅翼展 2.1~3 厘米，翅面呈黑色，斑纹呈白色。前翅中室有一白色纵纹，呈断续状，中室端部下方有 4 个白斑排成弧形，近顶角处有白斑 4 枚，后翅有 2 条白色带纹。成虫在 6 月至 8 月间活跃，幼虫寄主是新高山绣线菊和粉花绣线菊。分布在中国东北、陕西、江西、台湾、北京等地区，以及俄罗斯属亚洲的部分地区、韩国和日本。

121

1 & 2. 苏里南彩袖珂粉蝶 （*Le Soleil – couchant, de Surinam*）

彩袖珂粉蝶，粉蝶科、粉蝶亚科、珂粉蝶属。翼展 3.5~4.5 厘米。翅翼为白面黑边，一条黑带从前翅前缘延伸至外缘，有一艳丽的橙色斑块。翅的底面为白色，前翅端部有一浅淡的橙色斑。彩袖珂粉蝶的卵呈黄色，生绿色幼虫。幼虫寄主是山柑科的植物，成蝶整年飞行活跃。分布在非洲热带地区，共有 7 个亚种，亚种之间的区别在于斑纹不同。

3. 卡宴伯利斑粉蝶 （*Le Point du jour, de Cayenne*）

伯利斑粉蝶，是鳞翅目、凤蝶总科、粉蝶科、粉蝶亚科、粉蝶族、绢粉蝶亚族、斑粉蝶属的一种大型蝶类，翼展为 7.4~8.4 厘米。雄蝶翅膀正面与反面的颜色及斑纹相差较大，正面主要为黑、白两色。前翅呈三角形，翅角处有大片黑色；后翅呈圆形，外缘为黑色。反面比正面艳丽许多，前翅翅面呈黑色，翅角处排列着几道黄色横纹；后翅呈亮黄色，从基部平行延伸出一条橙色斑纹，色彩夺目，很是漂亮。

4. 卡宴曙光斑粉蝶 （*Le Crépuscule, de Cayenne*）

光斑粉蝶，是鳞翅目、凤蝶总科、粉蝶科、粉蝶亚科、粉蝶族、绢粉蝶亚族、斑粉蝶属的一种大型蝴蝶，翼展为 6.8-7.5 厘米。雄蝶翅膀正面的颜色艳丽分明，为纯净的鲜艳橙色，与外缘的黑色形成强烈对比。反面黄色，稍微黯淡，因其覆有浅淡灰斑，然而从基部延伸出的赤橙色短纹十分醒目。曙光蝶所在的斑粉蝶属共有 216 个蝶种，幼虫的寄主为桑寄生科植物，分布于印度至所罗门群岛一带，超过一百种分布于新几内亚的山上。

5 & 6. 法属圣多明戈眉眼蝶 （*Le Chevron brise, de St. Domingue*）

眉眼蝶，属蛱蝶科、眼蝶亚科，翼展约三点七厘米。翅膀正面白色与栗色条纹相间，外缘边上有波浪状线条。上翅 3 个眼斑，下翅 5 个眼斑中第 2 和第 5 个较大、较亮丽。翅底为白色，上翅端部有褐色斑。成蝶全年可见，幼虫寄主为禾本科参属植物。它们在美国分为两个隔离种群，一群在墨西哥、哥斯达黎加、洪都拉斯、尼加拉瓜、巴拿马、厄瓜多尔、玻利维亚至秘鲁，另一群在特立尼达和多巴哥、苏里南、圭亚那和巴西。

7 & 8. 中国蛤蟆蛱蝶 （*Le Papier marbré, de la Chine*）

蛤蟆蛱蝶，蛱蝶科、芯蛱蝶亚科。翼展为 7.8~8.6 厘米。翅膀正面十分精致，布满了灰蓝色的大理石花纹，一条白色宽条纹从中间贯穿整个前翅。这条白纹在翅膀反面的相同位置上，翅面为栗色，后翅为艳丽的砖红色。卵为白色，幼虫咬破卵壳出生，身体渐渐变黑，并带有黄色标志，随后长出许多毛刺。寄主是大戟科植物。成虫在一年之中均可在墨西哥见到。分布于墨西哥、古巴、哥伦比亚、玻利维亚、秘鲁等地。

1 & 2. 中国黑端豹斑蝶 *(Le Léopard, de la Chine)*

黑端豹斑蝶，属鳞翅目、凤蝶总科、蛱蝶科的一种较大的蝶类，翼展 6~7.5 厘米。翅膀表面以橙色为底色，具黑色斑点，犹如花豹豹纹。雌蝶前翅的端部呈黑色，具白色斜带，雄蝶则无此特征。幼虫寄主是扶桑、桃、紫花地丁等槿科植物。成虫喜访花，吸取花蜜为食。除了冬季以外，黑端豹斑蝶生活在低、中海拔的地区。

3 & 4. 苏里南黑脉斑粉蝶 *(Le Parqueté, de Surinam)*

黑脉斑粉蝶，是鳞翅目、凤蝶总科、斑粉蝶科的一种蝶类，也是斑粉蝶属的主要物种。中等体型，雄蝶与雌蝶的翼展都是 6.5~8.5 厘米。翅面呈白色、黄色至橙色，遍布黑色脉纹，扇翅飞舞时多姿多彩。分布在南亚和东南亚的许多地区，尤其是印度、斯里兰卡、缅甸和泰国。

1 & 2. 中国美眼蛱蝶，雄性 (*Le Trapu mâle, de la Chine*)

美眼蛱蝶，别名猫眼蛱蝶、孔雀眼蛱、蝶猫眼蝶、蓑衣蝶，鳞翅目、蛱蝶科、眼蛱蝶属。除西北外，中国各地均有分布，国外分布于日本及东南亚。成蝶翼展为 5.4~6.2 厘米，翅面橙红色，翅缘有黑色装饰线 3 条，翅外部前后翅各有 2~3 个眼状斑，其中后翅前部的眼斑最大、最亮。反面呈橙黄色，不如正面鲜艳。幼虫呈黑褐色，密生枝刺，以过江藤、车前草等多种植物为食。

3 & 4. 中国美眼蛱蝶，雌性 (*Le Trapu femelle, de la Chine*)

美眼蛱蝶后翅上方有一个跨两室的大眼斑，下面一个很小，而雌蝶只呈小线圈状。美眼蛱蝶成蝶有两种形态，为季节异形，分为夏（春）型、秋（冬）型，也有分为湿季型、旱季型与高温型、低温型，它们的主要区别在于翅膀底面的色泽与图案不同。秋型有额外的眼点和线条，底面斑纹不明显，后翅中线清晰，色泽呈暗淡的褐色枯叶状，而且前翅外缘与后翅臀角均有角状突起。

5 & 6. 绯红孔雀蝶 (*Le Royal*)

绯红孔雀蝶，鳞翅目、蛱蝶科、蛱蝶亚科。翅面为栗色，一条绯红色的宽阔斑带从后翅中央延伸至前翅，反面斑纹与正面一样，但颜色较杂。幼虫寄主是爵床科和唇形科植物。栖息于亚热带地区的多种场所，可以在草原、路边、花园见到它们的踪影。在地域分布上，它们分为两个隔离种群，一个在北美洲全境，另一个在南美洲的南部十分常见，尤其是哥伦比亚和法属圭亚那。

1 & 2. 法属圣多明戈绿斑角翅毒蝶 （*Le verd - d'eau, de St. Domingue*）

绿斑角翅毒蝶，蛱蝶科。栗色翅膀带有许多浅青色块斑，有序分布，纹路分明，色彩鲜艳，这种美丽的生物却具有毒性。幼虫身体呈深绿色，具有毛刺，蛹为淡绿色，寄主是爵床科赛山蓝属的植物。成蝶全年飞舞，栖于亚热带地区，从海平面至海拔 1200 米之间均可发现其踪影，分布在北美洲的南部，美国佛罗里达州的南部至得克萨斯州、墨西哥，直到南美洲的巴西。

3 & 4. 法属圣多明戈蛱蝶 （*Le Souchet, de St. Domingue*）

蛱蝶，蛱蝶科。前翅约长二点九厘米。翅面为明亮的橙黄色，后翅有两条尾突。幼虫的寄主是山黄麻属和胡椒属的植物，成蝶经常在树林边缘的树梢半收翅停歇，或者吸食多种花朵的花蜜。全年可见，但是飞行高峰是在 6 月至 8 月间。主要分布在中美洲大安的列斯群岛的牙买加、古巴、海地岛及波多黎各，常出现在树木茂盛的地方，从海平面至海拔 1900 米均可见到其踪影。

卡宴细带猫头鹰环蝶 (*Le grand Paon bleu, de Cayenne*)

    细带猫头鹰环蝶，蛱蝶科、闪蝶亚科，是举世闻名的常见大型蝶类，也是每一个蝴蝶收藏家都想得到的精品蝴蝶。蝶翅正面呈栗色，从前翅边缘至后翅形成一条白色、蓝色的鲜艳竖纹。翅膀反面整个酷似猫头鹰的脸，后翅分别有一只大而艳丽的圆形眼斑，像猫头鹰凶神恶煞的眼睛在圆睁着，可以威慑天敌。栖息于中美、南美地区新热带界的热带雨林及次生林，成蝶不爱访花，喜食发酵果实，常在下午与黄昏飞翔。

火鸡（*Le Dindon*）

　　火鸡，又名吐绶鸡，是一种大型家禽，体长 110~115 厘米，体重 2.5~10.8 千克，最初是由墨西哥原住民驯化当地野生火鸡而来。成年雄鸟的头部皮瘤平时呈鲜红色，兴奋时变为白色，带些亮蓝。从额至喙有一个红色肉瘤，喉部亦有红色肉瓣垂下。性情温顺，行动迟缓，但脚爪指甲锋利，能伤人至死。主要以植物的茎、叶、种子和果实为食。夜晚结群栖宿树上。原产于加拿大、墨西哥和美国，后引进澳大利亚、新西兰。

日本母鸡 (*Poule, du Japon*)

　　母鸡,是雉科、原鸡属家鸡种的一个变种。全身羽毛为白色,头戴白色羽冠。喙周围的肉冠短小浅红,在整体白色中十分显眼。发出"咕咕咕咕"的叫声,性情胆小,受到惊吓时会叫得格外响亮。惊吓过度,则几天不产蛋。母鸡通常用干草等柔软植物筑巢,产蛋前连续不断发出咕咕的叫声。年平均产蛋三百枚左右。天生具有保护小鸡的本能,若小鸡受到攻击,会把小鸡护在翅膀底下。若感觉到危险或有人抓它,通常会蹲下来。

锡嘴雀，雄性（*Gros – Bec, mâle*）

　　锡嘴雀，别名蜡嘴雀、铁嘴蜡子。嘴大而厚，又称厚嘴鸟，是燕雀科、锡嘴雀属的中等体型鸟类，体长约十八厘米。雄鸟体羽大致呈褐色至棕色，具明显的白色宽肩斑，两翼蓝黑色。主要以果实、种子为食，结群活动，栖息于平原或低山阔叶林中。性情大胆，尤其是冬天到农家偷食向日葵子或松子时，即使轰赶也不远飞。鸣叫以哨音开始，以流水般的悦耳音节收尾，是著名鸣禽，也是常见鸟类，主要分布在欧亚大陆的温带地区。

锡嘴雀，雌性（*Gros – Bec, femelle*）

　　锡嘴雀雌鸟羽色相对较浅，不如雄鸟富有光彩。雌鸟额至头顶为较暗的乌灰色，枕至后颈呈浅棕褐色，蓝黑色两翼中飞羽灰色较多而无金属光泽。繁殖期间十分机警，活动时发出低小单调的"嘶 - 嘶嘶"声。繁殖期为 5~7 月，在树叶茂密的侧枝上隐蔽筑巢，每窝产 3~7 枚卵，卵呈淡黄绿色或灰绿色，点缀着紫灰色或褐色斑点。主要由雌鸟承担孵卵，孵化期为 14 天，育雏则由雌、雄亲鸟共同承担。

dessiné et gravé, par Martinet.

路易斯安那多米尼克带冠红雀 (*Cardinal Dominiquain hupé, de la Louisiane*)

　　体型中等，雌、雄均有羽冠。皇冠般傲立的穗状头冠和一身烈焰般的羽毛异常醒目，是世界上最美丽耀眼的鸟类之一。栖息在林地、花园、丛林及沼泽。它们主要以谷物、野草、农作物及果实为食，也会吃昆虫及果实。雄鸟是地盘性的，领地意识很强，会以歌声来定界。雄鸟会在树顶或其他高处以清晰的歌声来保护地盘，并会追逐进入地盘内的其他雄鸟。

1. 科罗曼德尔半岛蜡嘴鸟 （Gros-Bec de Coromandel）

蜡嘴鸟，雀形目、燕雀科、蜡嘴属。体型中等，毛色呈灰、黑，带黄。粗壮的喙具有典型的雀科鸟类特征，非常适合咬碎果壳取食种子，因而他们主要取食各种植物的种子和果实。叫声甚微弱而尖细，通常惧生而安静，性喜结群活动，他们常结成数十乃至上百只的大群在树枝间移动，或活动于平原或浅山缓坡的高大乔木间。

2. 爪哇岛蜡嘴鸟 （Gros-Bec de Java）

热带鸟。体型中等大小，喙圆锥形，毛色饱满亮丽，腹部呈绯红色，鸣声为微弱颤鸣及唧唧叫声。主要分布在东南亚、爪哇等地，社群性鸟类，喜结小群活动。常光顾灌丛、草地、耕作区、稻田及芦苇地。飞行快，好动。他们主要取食各种植物的种子和果实，绯红色腰块使其明显易见。

dessiné re gravé par Martinet

137

1. 大犀鹃 （*Le grand Bout-de Pelun*）

大犀鹃，鹃形目、杜鹃科。体型大小与松鸦相近。喙呈弧形，很粗大，具刀片状，尖端钩状。虹膜为黑色。全身羽翼为黑色，略带深绿色或紫色，羽毛松软蓬松。翅短，尾羽较长且宽；双脚为黑色。群居性鸟类。主要以昆虫、蜥蜴以及蛙等为食。多分布在南美洲，包括哥伦比亚、委内瑞拉、圭亚那等地。

2. 小犀鹃 （*Le petit Bout-de Pelun*）

体型比大犀鹃小，大致与乌鸫相近。其喙较大犀鹃圆。体羽基本呈黑色，略呈深绿色或紫色。主要栖息于红树林、沼泽地和河流附近，也生活临近溪流、水泽的树林中。群居鸟类，常成群觅食。喜欢跟在牛群在田间草地捕食昆虫。飞行能力较弱。觅食时成群吵吵嚷嚷，比较喧闹。

dessiné et gravé par Martinet

dessiné et gravé par Martinet.

加拿大披肩榛鸡（Grosse Gelinote, du Canada）

　　披肩榛鸡，鸡形目、雉科，北美洲分布较广泛的一种松鸡，在加拿大东南部的很多地方都能见到。加拿大披肩榛鸡和中国的花尾榛鸡、斑尾榛鸡是同类，本身有红尾和灰尾两种不同的色型。雄性披肩榛鸡在炫耀的时候尾羽也是竖立成扇面形，样子和火鸡的尾羽非常相似。此外，该鸟类还被列入《世界自然保护联盟》2009 年鸟类红色名录——低危之列。

比利牛斯山区花尾榛鸡，雄性 (*Gelinote mâle, des Pyrénées*)

　　头顶呈棕褐色，杂以不显著的褐斑；后颈和上背均为棕黄色；喉呈黑色，周围有白色纵带；胸部呈暗棕褐色，具白色羽缘，二色之间有栗褐色横斑；腹、胁及尾下覆羽亦然，但白色更发达，在腹部棕褐色几乎全被覆盖着；中央一对尾羽呈棕褐色。该鸟体结实，喙短，呈圆锥形，适于啄食植物种子；翼短圆，不善飞；脚强健，具锐爪，善于行走和掘地寻食；鼻孔和脚均有被羽，以适应严寒。

Dessiné et gravé par Martinet

比利牛斯山区花尾榛鸡，雌性（*Gelinote femelle, des Pyrénées*）

  与雄鸟相似，但上体较棕黄，因雄鸟体羽的灰色均由棕黄色所替代；背部的栗褐色细横斑变粗，自下背以后的黑斑几乎都被掩盖着；颏呈黄白色；喉呈棕黄色而具黑色羽缘，喉周的白色纵带不显著，至眼后中断。为林栖鸟类，栖息于林下植被繁茂、浆果丰富的松林、云杉、冷杉等针叶林中。繁殖季节不成群，其他季节多成小群活动，以各种野生植物的绿色部分、种子、果实为食。

Tirée et gravé par Martinet

塞内加尔红蛇鹈 (*Anhinga, du Sénégal*)

　　红蛇鹈，鹈形目、蛇鹈科。该鸟是身体细长的水鸟，生活在热带内陆或沿海水域、淡水河流、沼泽和湖泊等周边林木茂盛的地方，最好是静止或缓慢移动的水域。其有一条像蛇一样又细又长、十分灵活的脖子，因此称为蛇鹈。嘴巴很尖，尖尖的长嘴好像鱼叉一样，可以轻松自如地在水里叉鱼吃；在湖泊或沼泽地栖身，专靠捕鱼为生。不善飞翔，却善于潜水，可将头埋入水中许久不见影子，而再露头时，其长嘴上就会扎着一条大鱼。

珠鸡（*La Peintade*）

　　珠鸡，鸡形目、珠鸡科。羽毛美丽，体态优雅，头较小，喙前端呈淡黄色，后部呈红色，眼部四周无毛，颈细长。全身羽毛为灰色，并有规则的圆形白点，恰似全身披满白珍珠，故有"珍珠鸡"之美称。其栖息地范围广泛，从茂密的雨林到半荒漠都有分布。珠鸡用爪挖食昆虫、种子和块茎。翅短而圆，善飞行，但遇到威胁时多奔跑逃走。珠鸡原为野生禽类，后来经过不断的摸索以及经验的总结，人类对其的养殖技术已日渐成熟。

罗马鸽（*Pigeon Romain*）

　　体型较大、体重较重。头顶广平，身躯硕大而宽深，喙硕长而稍弯，颈长而粗壮，背长而开阔，尾长而末端纯圆，大腿丰满，跗趾和趾较短。脚色为红色。羽毛颜色较杂，有白、黑、红绛、灰等。因其育成于意大利和西班牙，故被称为罗马鸽，是最古老的品种之一，同时也是最早的家鸽之一。罗马鸽性情温驯，善于笼养，飞翔力差，母性好，哺育雏鸽和孵卵都很好。但其繁殖性能较差，乳鸽生长慢，故多用于杂交，或用于育成肉鸽的新品种。

1. 中国白头文鸟 (*Maïa, de la Chine*)

白头文鸟，雀形目、梅花雀科、文鸟属。平均体重约为十二点五克。嘴圆锥状，很粗壮，素食，食物多为草籽、稻谷等，身处于食物链的底层，蛇类、猛禽、食肉兽类等都是其天敌。头呈白色，与全身栗色形成鲜明的对比，白色在大自然中非常醒目，这也导致其容易成为天敌的靶子。栖息地包括种植园、乡村花园、耕地和湿地等。该物种的保护状况被评为无危。

2. 古巴文鸟 (*Maïa, de Cuba*)

体型小。喙呈黄色，喙下方颈部呈黑色；肋部、腰部直至腹部羽毛为白色，上体自头顶至背部则由黄褐色羽毛覆盖；翅形尖，第1枚飞羽较短，不超过大覆羽；尾黑，中央尾羽形狭且端尖。分布在古巴境内，栖息地为低矮灌丛，以草籽为食，但在谷物成熟时期常成群啄食稻粒，危害农田。繁殖期内也捕食昆虫。一般在各种树及灌丛中筑巢，其巢多由枯草、竹叶、松针等物编织而成，呈曲颈瓶状。天气寒冷时，群集巢内而形影不离。

3. 非洲海岸鹂雀 (*Grenadin, de la côte d'Afrique*)

非洲海岸鹂雀，雀形目、燕雀科，是非洲热带森林中一种独特的鸣禽，多分布在非洲中南部地区。体型较小；喙尖，成短而粗的圆锥形，呈红色；喙下方颈部呈暗黑色。翅呈棕褐色，尾黑，中央尾羽没有特别延长。全身羽毛大体呈褐红色，羽色艳丽，爪为红色，较身体羽毛颜色更为鲜艳。

munia moja (de.)

1

2

3

désiné et gravé par Martinet.

147

马达加斯加绿鸠 (*Pigeon Ramier verd, de Madagascar*)

　　马达加斯加绿鸠，鸠鸽科、绿鸠属。因其食物中的类胡萝卜素致使毛色变绿。脚为红色，与全身的黄绿色羽毛形成鲜明对比。羽毛大约有一万根，非常艳丽漂亮。体型轻巧，其身形为酒樽状，脖子短小，有瘦长的嘴。肌肉有益于在空中移动，同时，其强健的胸骨可以起到保护心肺的作用。它们会吃许多小石头帮助消化，主要以玉米、白米、花生、豆子等种子、果实和其他柔软的植物为食，属于食果动物。

大鹗 (*Le grand Aigle de Mer*)

大鹗，鸟纲、隼形目、鹗科。嘴呈黑色，头呈白色，顶上有黑褐色细纵斑；背部大致呈暗褐色，尾羽有黑褐色横斑；腹部为白色，胸部有赤褐色的纵斑。飞行时，双翼呈狭长型，翼下为白色。常于水库、湖泊、溪流、河川、鱼塘、海边等水域环境中活动，主要以鱼类为食。可以潜水捕食多种鱼类，有时也捕食蛙、蜥蜴、小型鸟类等其他小型陆栖动物。另据考证，中国古代春秋时期的《诗经》中妇孺皆知的"关关雎鸠，在河之洲，窈窕淑女，君子好逑"句中，作为爱情的象征的"雎鸠"，指的就是鹗。

麦哲伦椋鸟 （*Etourneau, des Terres Magellaniques*）

　　椋鸟，雀形目、椋鸟科。嘴微下曲，双翅长而尖，腿和脚粗壮，尾短而呈平尾状。羽毛呈现出金属光泽，颇具美感，光彩夺目。飞行或栖息时喋喋不休，经常大群地聚集在一起。活泼、好寻衅。食物丰富多变，但主要以昆虫为主，巢常营于树洞中。叫声嘈杂、变化多端，善于模仿其他鸟的叫声。不仅如此，麦哲伦椋鸟还是害虫的天敌，能捕捉许多害虫。

德那第岛翠鸟 (*Martin-pêcheur, de Ternate*)

体型中小、羽毛颜色艳丽。其最主要的身体结构特点是：头部较大，喙部长而锐利且末段尖锐，身体小，两腿短小，尾羽短粗。尽管如此，它飞起来却非常灵活，通常会从栖木上猛扑以捕捉鱼类。德那第岛翠鸟有时紧贴水面飞行，伴以尖锐响亮的鸣声。一般由雌、雄共同孵卵，但只由雌鸟喂雏。值得注意的是，翠鸟是一种羽毛美丽的观赏鸟，羽毛即使掉落了也不会退色。所以，翠鸟的羽毛可以用作工艺装饰品，非常漂亮。

1. 卡宴裸鼻雀 (*Tangara, de Cayenne*)

卡宴裸鼻雀，雀形目、裸鼻雀科。主要分布在热带地区，是一种隶属热带种类的非候鸟。嘴颈短。喙稍呈钩状。胸部至腹部到尾部为黄色，背、两翅及尾部呈黑色，羽衣鲜艳夺目。主要栖息于树梢上、林中矮树上或灌木丛中，以果实为食。

2. 巴西裸鼻雀 (*Tangara, du Brésil*)

巴西裸鼻雀为小型鸟类，喙为圆锥形，胸前、腹部、翼角的后枕以及尾部均披满醒目的亮黄色羽毛。一般主食植物种子，但偶尔也以昆虫为食，尤其是喂养雏鸟期间。非繁殖期巴西裸鼻雀常集群活动，繁殖期则在地面或灌丛内筑碗状巢。通常栖息于大草原、亚热带或热带的潮湿丛林。

3. 卡宴裸鼻雀 (*Tangara, de Cayenne*)

虽为非候鸟，但卡宴裸鼻雀会随季节变化而在分布区内进行局部转移。其生殖活动始终都出现在食物资源最繁盛期间。筑巢形状多为敞开的杯形巢，通常位于树上或灌木上。在喂养后代方面，营巢行为各异，通常每窝产卵 2~4 枚，一般都是双亲共同喂雏，但只有雌鸟育雏。

153

1. 梅花雀 (*Le Bangali*)

　　体型小，喙短厚而尖利，多呈圆锥形并且带有鲜明的色彩，羽色以蓝绿为主，辅缀以红色等，极其华丽。梅花雀属群居鸟类，多食籽。通常，梅花雀会建造较大的半圆形鸟巢用以栖息，每次产5~10枚白色鸟蛋。大部分的梅花雀都对寒冷天气极为敏感，性喜温暖。因此，其栖息地一般包括亚热带或热带的干燥疏灌丛、牧草地、耕地、干燥的稀树草原、亚热带或热带的干草原和乡村花园。

2. 棕褐梅花雀 (*Le Bengali brun*)

　　雀形目下的一种鸟类。体态小巧，腿矮，嘴短粗，为圆锥形，颜色较浅，与全身棕褐色羽毛形成鲜明对比，身上分布着浅色斑点。棕褐梅花雀为群居性鸟类，多成小群活动，通常筑巢于高草中，主要以种子为食。

3. 褐双点雀 (*Le Bengali piqueté*)

　　全身羽毛颜色由浅棕色至深褐色渐进，胸部、腹部、尾部大部分为浅棕色，背部颜色逐渐加深，直至双翅尖端以及尾羽端颜色更深，色泽明亮而有层次。由头部至双翅再至尾羽缀有浅色斑点。其栖息地包括亚热带或热带的湿润疏灌丛、干燥的稀树草原和耕地。分布在非洲中南部地区，其中包括阿拉伯半岛的南部、撒哈拉沙漠以南的整个非洲大陆。

Dessiné et gravé par Martinet.

155

Martinet

弗吉尼亚喜鹊（*Pie, de Virginie*）

　　体形较大。其背部、腹部、尾部均为黑色，肩羽、上下腹均为洁白色，头部为红色。杂食性鸟类，在旷野和田间觅食，繁殖期捕食昆虫、蛙类等小型动物，也盗食其他鸟类的卵和雏鸟，兼食瓜果、谷物、植物种子等。其巢均用枯枝夹杂粘土粘合而成，具有顶盖的球状，巢内垫以枯草、纤维等柔软材料。全年大多成对生活。在东亚文化中，喜鹊是非常受欢迎的一种鸟类，是好运与福气的象征。

156

印度带冠雉鸡 (*Faisan couronné des Indes*)

羽毛颜色较深，头部较小，其上有直立的冠羽，较身体毛色略浅，喙及瞳孔均呈黄褐色。体形较家鸡略小，但尾巴却长得多。多栖息于低山丘陵、农田、沼泽草地，以及灌丛草地中。为杂食性，随季节的不同而摄入不同的食物，但其主要食物是种子和昆虫。主要分布在印度。

东印度吸蜜鹦鹉，雄性 (*Lory Mâle, des Indes Orientales*)

　　羽色多呈红、黄、蓝、绿等颜色，鲜艳夺目。其喙比一般鹦鹉的长，舌头也相对更为细长，其舌尖布满刷子状的突起，完全适应吸食花粉、花蜜及果实的生活。12月份为其发情期，但一般全年都可交配。它们通常生活在低地森林等处，多成对或集群活动，活泼好动，叫声嘈杂，飞行速度快。其主要食物为花蜜、花粉，也吃植物种子、嫩叶、昆虫。东印度吸蜜鹦鹉十分聪敏机灵，不但能学会各种把戏，而且语言能力也相当不错。

dessine et grave par Martinet.

巴西双黄头亚马逊鹦鹉 （*Perroquet Amazone varié, du Brésil*）

　　体长一般为35~38厘米，喙为淡色，全身羽毛主要呈鲜绿色；头部黄色，双翼弯曲处呈红色。尾巴短小，身体较为粗壮，双翼较圆，尾巴为方形。主要以坚果、种子、水果和花穗等为食。筑巢于树洞中。它们通常栖息于红树林或近河流的森林，能单独、成对或成群地生活。由于栖息地严重遭破坏及人为盗捕等原因，双黄头亚马逊鹦鹉几近从野外灭绝。野生种的数量骤减，成为一种濒危的鹦鹉。

Dessiné et gravé par Martinet.

法国雉鸡 (*Faisan, de France*)

　　法国雉鸡体长约七十六至八十九厘米，尾长。头顶呈棕褐色，有小型冠羽，眉纹呈白色，眼先和眼周裸出的皮肤为绯红色。身体羽色通常为棕褐色，两胁呈淡黄色，近腹部呈栗红色，羽端具一大形黑斑。腹呈黑色。尾下腹羽呈棕栗色。雄性的叫声为爆发性的噼啪两声，紧接着便用力鼓翼。多栖息于低山丘陵、农田、地边、沼泽草地等地，分布高度多在海拔 1200 米以下。其脚强健，善于奔跑，特别是在灌丛中奔走极快，也善于藏匿。

雉鸡，雌性（*Femelle du Fesan*）

　　雌性较雄性而言更小，体长 53~63 厘米，其中尾部约二十厘米。其羽色的颜色亦不如雄性艳丽。头顶和后颈呈棕白色，缀有黑色横斑。肩和背均呈栗色，杂有粗著的黑纹和宽的淡红白色羽缘。胸和两胁具黑色沾棕的斑纹。下背、腰和尾上覆羽羽色逐渐变淡，呈棕红色和淡棕色，并且具有黑色纹路。其尾亦较雄性为短，呈灰棕褐色。

Dessinee & gravee par Martinet

中国白鹇 （*Faisan blanc, de la Chine*）

　　白鹇，鸡形目、雉科、鹇属。翎毛华丽、体色洁白，雄鸟的背部与翅膀是白色，腹部与颈部为蓝黑色，面部、肉冠与足部呈红色。雄白鹇体长约一百二十厘米，尾部的长羽约六十厘米，体重可达2000克。其主要栖息地为中国南方地区的中海拔森林。白鹇不擅飞行，多在地表结群活动，夜晚栖息于树枝上。因人为开发山坡地导致栖息地面积缩减，但总体来说，其族群数量并未受到太大影响。白鹇在中国文化中自古即是名贵的观赏鸟，此外，它还被评选为广东省的省鸟。

中国白鹇，雌性（*Femelle du Faisan blanc de la Chine*）

　　雌鸟的羽毛较雄鸟而言更为朴素，多为浅褐色，面部与足部呈红色。雌鸟的体型亦较小，身长约七十厘米，重约一千三百克。主食一般为昆虫、种子，同时它们也食用栗、百香果等植物的嫩叶、幼芽、浆果，以及苔藓等。长爪足可掘开地面，挖取食物。雌性白鹇会在灌木丛中或者地面凹处筑巢，一次产下 6~9 枚卵。其主要栖息地为海拔 2000 米以下的亚热带常绿阔叶林。

秘鲁凤冠雉 （*Le Hocco du Pérou*）

　　秘鲁凤冠雉，鸡形目、凤冠雉科。全身毛色为棕褐、棕黑色，羽毛光滑并带有光泽，尾羽呈黑色，鸟冠是卷曲的羽毛，头颈部缀有花白斑纹。分布在秘鲁热带地区。通常栖息于密林中，喜群居。凤冠雉是猎用禽和食用禽，肉味鲜美。这也是导致它们遭到大量捕杀的原因。

白松鸡（ *La Gélinote blanche* ）

　　喙较小，全身及双腿羽毛雪白，宛如初雪，羽毛丰满，十分漂亮。其羽毛的颜色喙随着季节的更替而出现不同的变化，有时会呈现出棕色或是淡黄色，但胸部及双腿还是亮白色。喜雪，因此通常分布在欧洲或者美洲的高山地区。在酷寒冰冻期间，它们常于傍晚及夜里在雪地里休息。

1. 墨西哥带冠鹌鹑 (*Caille hupée, du Mexique*)

体型小。头顶有羽冠，羽冠及头部呈淡黄色。全身呈褐色，带有明显的草黄色矛状条纹及不规则斑纹，常成对而非成群活动。经常活动在生长着茂密的野草或矮树丛的平原、荒地、溪边及山坡丘陵一带，有时也到耕地附近活动。通常以杂草种子、豆类、谷物及浆果、嫩叶、嫩芽等为食，夏天吃大量的昆虫及幼虫，以及小型无脊椎动物等。

2. 菲律宾鹌鹑 (*Caille des Philippines*)

雉科中体形较小的一种，体长约十八厘米，体小而滚圆。雄、雌两性上体均具红褐色及黑色横纹。下颚黑白相间，前胸则呈白色。主要以植物种子、幼芽、嫩枝为食。喜欢在水边草地上营巢，有时也在灌木丛下作窝，其巢构造简单，一般在地上挖一浅坑，后铺上细草或植物技叶等即可。迁徙时多集群。

Dessiné et gravé par Martinet

167

1. 墨西哥唐加拉雀，又称红雀 *(Tangara du Mexique, appellé le Cardinal)*

　　唐加拉雀，雀形目、裸鼻雀属。全身羽毛呈红色，喙为橙黄，稍呈钩状，双翼及尾部颜色较深，羽毛鲜亮光滑，十分夺目。主要以果实为食。一般具有群居性。在非繁殖期，常由十只以内的唐加拉雀组成小群活动。树栖，通常生活于树梢上、林中矮树上或灌木丛中。它们通过鸣啭、鸣声和行为炫耀等方式来进行交流。

2. 巴西唐加拉雀 *(Tangara du Brésil)*

　　体长10~20厘米，颈短。头部呈绿色，颈部及前胸为蓝色，双翼及背部颜色较深，间有小片橙黄色块斑纹，尾部为黑色。羽毛鲜艳，十分漂亮。分布在巴西等热带地区。通常在食物最为丰富的时期内进行生殖活动，一般都由雄、雌两性共同喂雏常筑巢于树上或者灌木上。

1. 卡宴地区紫红色唐加拉雀 (*Tangara pourpre, de Cayenne*)

　　体长 15~16 厘米，全身羽毛为黑色，间有紫红色斑纹，头部、喉部及腹部为紫红色，双眼虹膜为褐色。下喙延伸至眼部前端，并呈现出耀眼的银白色。枕骨部有紫红色羽毛。它们主要以小型的果实为食，通常在植被稀少的地带活动。但是，在森林中能够被太阳照射的地段，我们也可以看见成对活动的紫红色唐加拉雀。

2. 卡宴地区紫红色唐加拉雀，雌性 (*Femelle du Tangara pourpre, de Cayenne*)

　　与雄性的毛色不同，雌性的上半身为棕色，间有深紫红色斑纹，下半身为淡红色，尾巴及双翼呈棕色。喙不如雄性的突出，颜色也更为暗淡。它们一般将巢筑在较低矮的树枝上，其轮廓大致为弯曲的圆柱形，长约十六厘米，宽约十二厘米，主要由稻草及干燥的芭蕉叶筑成，内侧顶部由更大的叶子巩固，开口向下，以便抵御风雨的袭击。雌鸟一般一次产卵两枚，蛋为椭圆形，白色并间有淡红色斑点。

dessine et grave, par Martinet

171

塞内加尔松鸡 (*Gélinote, du Sénégal*)

　　体型较小，眼睛下方有小块红色皮肤，双翼较长，双脚正面覆盖着白色的绒毛，中间的脚趾较两边的更长，尾巴长有两根比一般羽翼更长的羽毛。全身羽毛呈浅棕色，间有深棕、棕褐色及深红色的斑纹。喜在热带地区活动，多分布在塞内加尔地区。

dessiné et gravé par Martinet.

加拿大松鸡，雄性（*Gélinote mâle, du Canada*）

　　雄性松鸡全身羽毛颜色较深，仅在眼周、肋部等处有白色的斑点。喙呈白色，眼睛上方及周围为红色皮肤，鼻孔处长有白色的羽毛，双翼较短，双脚直至跗骨处均覆盖了厚厚的绒毛，足趾和趾甲为灰色。它们常在哈德孙湾附近活动，尤其喜爱平原和低地。

加拿大松鸡，雌性 (*Gélinote femelle, du Canada*)

　　雌性松鸡体型较雄性小，羽毛的颜色不如雄性的暗淡，呈现处棕、黄、褐等多种颜色，间有各色斑纹，双脚布满了羽毛，其他的身体特征与雄性基本无异。主要以松树的松子、刺柏的浆果等为食。大量分布在北美地区，如加拿大等地。在严寒的冬季，当地人会将其作为食物。

高山鹧鸪（*La Perdrix de Montagne*）

　　体型较其他鹧鸪小，脸部为橙色，全身羽毛为灰色，毛色暗淡，并带有明显的斑纹，肋部有红色细横纹，尾羽为橙色，与尾部的棕红色形成对比。分布在阿尔卑斯山一带，从山区至平原均有它们的踪影。春冬之际，主要以狐茅、早熟禾及苜蓿为食；到了夏秋季节，则主要进食鳞茎、种子和浆果等。一般在四月底或五月时筑巢。由于栖息地的毁坏，导致高山鹧鸪遭受数目锐减的威胁。

1. 印度绿斑裸鼻雀 （*Tangara verd tacheté, des Indes*）

体型较小。头顶有蓝色的羽毛；头部、颈后部、背部及尾部均为绿、白两色相间；喉部、颈前方及胸部等为黄色，间有白色斑点；双翼和尾翼呈现处深绿色，间有淡绿色斑纹；双脚为棕色。通常生活于树梢上、林中矮树上或灌木丛中，主要以果实为食。

2. 秘鲁裸鼻雀（*Tangara, du Pérou*）

其喙部稍呈钩状。体长约二十厘米。头部呈红色；身上的羽毛为绿色并间有深浅不同的花纹；双翼尖端间有深褐色竖条斑纹，双翼上端为浅黄、浅红色；双脚呈棕色，尾翼颜色偏浅。多分布在南美洲热带地区，如秘鲁等。

1. 好望角雀（*Moineau, du Cap de Bonne Espérance*）

体型较小。喙为黑色；头部上方、喉部、腹部等为深黑色，其余部分为栗色和暗红色；颈部上端有白色月牙形纹路，双翼间有白色横纹；足趾和趾甲为棕色。一般多以粮食粒和昆虫为食。多在低矮的树枝丛中、灌木丛中活动。主要分布在好望角地区。

2. 马达加斯加福迪雀（*Moineau de Madagascar*）

体型小。喙为黑色。头部及胸部主要呈红色，间以少量的黄绿两色，双翼为绿色，间有淡黄色横纹，背部及颈部后方的羽毛为红、黄、黑等颜色，尾翼由绿转为黑色。多栖息在低矮的树枝或灌木丛中。它们一般生活在马达加斯加岛，但由于其周围岛屿如留尼汪岛的福迪雀被捕杀殆尽，因此，也能在留尼汪岛上发现取代原物种的马达加斯加福迪雀。

Dessiné et gravé par Martinet

179

1. 加拿大锡嘴雀（*Gros-Bec, du Canada*）

中等体型，比麻雀稍大，体长约十六厘米。虹膜为深褐色，全身羽毛呈朱红色，嘴、双脚、翅膀及尾部近黑色，下腹为白色，脸则呈暗褐色。繁殖期雄鸟的砖红色羽毛出现从橘黄至玫红及猩红等不等的变化。飞翔快，呈波浪式。鸣叫声较尖，而且较高。一般栖息于山区松柏林中，迁徙时至平原阔叶林里。常结群活动，由四五只到数十只不等。一般主要以落叶松种子为食。

2. 菲律宾蜡嘴鸟（*Gros-Bec, des Philippines*）

体型较小。喙呈圆锥形，虹膜为褐色。眼部下方直至喉颈部为深褐色或黑色；头部上方及后背前胸为黄色，并伴有细横斑；尾部为深浅不一的棕褐色。双脚为肉色。主要以种子为食，营巢于高草中。它们是社群性的鸟，通常成小群活动，十分好动，常在灌木或草地活动。分布在东南亚，如菲律宾等地。

delineavit et gravavit cast Martinet

181

塞内加尔鹧鸪 (*Perdrix du Sénégal*)

　　体型较红鹧鸪稍大，体长35~40厘米。喙为灰白色，头部中间一条白色长纹延伸至头部后方。全身羽毛基本为红、褐、白三色相间，头顶上方呈红色，无斑纹，头部两侧为灰白色，间有棕色的细横纹；喉部同为喙白色，无斑纹；颈部为红色，间有棕色及灰白色斑纹。双脚各有两个距。主要分布在塞内加尔地区。

Dessiné et gravé par Martinet

菲律宾绿鸽（*Pigeon verd, des Philippines*）

　　体型与野生鸽子大致无异，体长约二十五厘米，但其毛色鲜艳，颇具特色。头部及喉咙为橄榄绿间褐色；颈部呈浅栗色；背部、肋部为橄榄绿；翅膀上方略呈黑色，下方灰白，但外翼为淡黄色；肺部橙黄；腹部及小腿为浅色橄榄绿间黄色；肛门部位呈现纯黄色，双脚褐红。主要分布在热带地区，如菲律宾等地。

1. 马鲁古蜡嘴鸟 （*Gros-bec, des Moluques*）

体型较小。虹膜为褐色。颈部和背部为黑褐色，这种颜色一直延续到眼睛。上体、翅膀及肩部呈褐色，腹部为白色并间有棕、黑色细横纹，与通体棕褐色调形成鲜明对比。双脚为棕色。有观点认为马鲁古蜡嘴鸟就是雌性雅各宾。

2. 爪哇蜡嘴鸟，又名多米诺 （*Gros-bec, de Java dit le Domino*）

体型极小，比雅各宾体型更小。喙为褐色。头顶、头部前方、面部、喉部和颈部前方均为深栗色；头颈部后方、背部、肩部及双翼上方的羽毛则呈褐红色；肋部为褐色。雄性腹部有斑纹，而雌性的腹部为灰白色。

3. 爪哇蜡嘴鸟，又名雅各宾 （*Gros-bec, de Java dit le Jacobin*）

体型小，喙为棕色，头部。喉部及颈部为深栗色，背部、双翼直至尾羽呈棕色，腹部。肋部则为灰白。分布在东南亚一带，尤以爪哇岛为主。可供喂养。有观点认为雌性雅各宾就是马鲁古蜡嘴鸟。

Munia malacca (?)

Dessiné et gravé par Martinet.

185

好望角黑颈斑鸠 （*Tourterelle à Cravate noire, du Cap de Bonne Espérance*）

　　黑颈斑鸠，属斑鸠中一种特殊的品种，体型较一般的斑鸠小，尾翼更长但较小，尾巴中部的两根羽毛极长。其名字很好地展现了它的特点，即雄性的喉部及颈部为亮黑色，犹如优雅的领带。而雌性则无此特点，其喉部、颈部为灰褐两色相间。多分布在塞内加尔、好望角及非洲南部的诸多地区。

卡宴红鸽（*Pigeon roux de Cayenne*）

　　体型较野鸽小，身长 20~25 厘米。其眼周围有红色突出物，虹膜同样为红色，喙为淡红色。全身上半部分呈红色，面部、喉部、颈部内侧为肉色；腹部、身体两侧及腿部近橙红色，双翼和尾翼为红色，双翼较长。双脚呈淡红色。主要分布在法属圭亚那卡宴地区。

安汶岛紫红颈斑鸠 （*Tourterelle à gorge pourprée, d'Amboine*）

颈部至前胸一块为紫红色，这是其最大的特点，也是其名字的由来。全身羽毛基本呈绿色，头部为蓝绿色，双翼边缘带有灰白色条纹，双脚为肉色。形态美丽，颇具观赏价值。通常在地面觅食，以小型种子为食。飞行迅速。主要分布在印度尼西亚的安汶岛。

东印度鹦鹉 （*Perruche, des Indes Orientales*）

　　体型较小。喙为肉色，呈钩状，强劲有力，可以食用坚果。全身覆盖以红色羽毛，在头部、背部、腹部等处间有黑褐色块状斑纹，翅膀最外围羽翼为黄色间少量灰褐细横纹。对趾型足，两趾向前，两趾向后，适合抓握。主要以植物果实、种子、坚果等为食。多分布在东印度地区，十分耐热，但不耐潮湿。

卡宴地区斑颈鹦鹉 (*Perruche à gorge tacheté, de Cayenne*)

　　体型不如乌鸦大。全身大部分羽毛为绿色，喉部及颈部前方布满了鳞片状的褐色斑纹和灰红色的网眼纹路，双翼的长羽毛为蓝色，面部、颈部后方、背底部的羽毛呈水绿色，尾翼上方为绿色，其他部分为褐红色。羽毛鲜艳华丽，十分漂亮。这类鹦鹉十分罕见。主要分布在法属圭亚那的卡宴地区。其学习说话的能力还没有得到证实。

圭亚那雉鸡（*Faisan, de la Guiane*）

　　体型较母鸡大，体长约四十五厘米。头部、颈部、背部直至尾羽均呈黄褐色，肋部、腹部为灰白色。肉可食，据研究表明，该雉鸡在家禽饲养场的饲养条件下生长得更好，肉质更加鲜美。多分布在圭亚那一带。

1. 波旁岛蜡嘴鸟（*Gros-Bec, de l'Isle de Bourbon*）

体型小，与体重只有6~7克的戴菊莺一般大小。头部、喉部和背部为黑褐色，肋部以及身体下呈白色，腿部及尾部下侧为红、棕、白色，双脚颜色较浅。主要分布在非洲波旁岛一带（即今天的留尼汪岛）。

2. 路易斯安那蜡嘴鸟（*Gros-Bec, de la Louisiane*）

成年鸟体长一般为十九至二十一厘米，重38~49克。喙为浅色，双脚近黑。雄性的头部、身体上侧及尾部为黑色，肺部有一片绯红色三角状斑纹，身体下侧呈白色，双翼上亦间有白色斑纹；雌性的身体侧部具横纹。寿命一般为九年。主要分布在北美，如加拿大、美国等地，冬季飞往秘鲁或委内瑞拉过冬。此外，它们的生存因遭到当地居民的捕杀而受到严重威胁。

Dessiné et gravé par Martinet

193

Dessiné et gravé par Martinet

美洲蓝蜡嘴鸟 (*Gros-Bec bleu, d'Amérique*)

　　社群性鸟，常在草地、耕作区、稻田及芦苇地等处活动。体型与普通的蜡嘴鸟无异，差别在于其喙部颜色更红。羽翼黑、棕、灰白及暗绿色，肺部、双翼边缘以及尾翼边沿呈蓝绿色。如果不是其尾翼更长的话，我们不会将其列为一个新品种，而只会认为是由于气候原因造成毛色与普通的蜡嘴鸟不同而已。

Dessiné et gravé par Martinest

塞内加尔斑鸠 （*Tourterelle, du Sénégal*）

　　体型较小，全身具斑纹。主要以种子以及小昆虫为食。常在牲畜饮水处、井旁、江河支流以及村庄附近活动，在热带丛林灌木区，常成对或单独行动。旱季时，它们通常会向潮湿多雨地带迁徙。一般多分布在塞内加尔，该国规定，每年1月中旬至4月中旬为斑鸠捕猎期。其中，1月至2月初是最佳的捕猎时节。

1. 卡宴地区蓝裸鼻雀 (*Tangara bleu, de Cayenne*)

喙为黑色。后喉部、背部、腹部为白色。双翼的表层及长羽毛为黑色，而边缘则为白色。尾翼层叠排列，最内侧的羽毛为白色，表层为黑色。双脚亦为黑色。身体其他部分如面部、前喉部、肋部等呈蓝色。

2. 美洲褐裸鼻雀 (*Tangara brun, d'Amérique*)

体型与燕雀一般大小。靠外侧的半部分喙为棕色，靠内的则近白。双脚及趾甲呈灰色。头部和喉部上方为鲜红色，喉部下方则为暗红色。身体上侧呈红色，下半侧为白色。多分布在圭亚那一带。但它们并不常见，仅在某些年份于一定的环境下，才会大量出现。

1

2

Dessiné et gravé par Martinet

1. 加拿大裸鼻雀 (*Tangara, du Canada*)

体型较小。喙呈铅色，身体羽毛为火红色，十分鲜艳。双翼表层为黑色，尾翼由 12 根长羽毛组成，边沿为浅白色，尾翼两边的羽毛较中间的长，这使得其尾呈开叉状。多分布在北美洲，群居性鸟类。一般由雄、雌双鸟共同喂雏，但只有雌鸟育雏，卵产于清晨，通常连续几天产卵，每天产 1 枚。

2. 法属圣多明戈地区裸鼻雀 (*Tangara, de S. Domingue*)

体长约十七厘米，尾翼长 6~7 厘米。喙为灰褐色。头部、背部及肋部为棕色，肩部和两翼上方的羽毛亦为棕色；喉部、颈部内侧、腹部及腿部呈灰白色，并具棕色点斑。双翼为棕色，边缘稍具黄褐色。尾翼两边的羽毛较中间的长，这使得其尾呈开叉状。尾翼上方呈棕色，间有黄褐色斑纹，两侧近棕，边缘呈黄褐色。双脚及趾甲为棕色。多分布在法属圣多明戈地区。

2

1

Dessiné et gravé par Martinet

1. 鸣禽（*Le Sénégali*）

雀形目鸟类。善于鸣叫，繁殖季节的鸣声最为婉转响亮。它们由鸣管控制发音，鸣管结构复杂而发达，复杂的鸣肌附于鸣管的两侧。分布广泛，能够适应各种各样的生态环境，因此外部形态变化复杂，相互间的差异十分明显。鸣禽多数种类营树栖生活，少数种类为地栖。

2. 横纹鸣禽（*Sénégali rayé*）

喙为红色，眼睛周围亦具红色带状斑纹。身体内侧颜色较浅，与满布的褐、灰两色横纹形成对比。越靠近头部则横纹越趋细小。腹部具椭圆形红斑。尾部内侧呈黑色，无横纹。双翼为棕色，具细小纹路。雄雌两者大致一样。

3. 中国燕雀（*Pincon de la Chine*）

体型较小。喙为黄绿色，颈部、喉部、背部上方等处均布有棕绿色块状斑纹；大部分羽翼为橄榄绿；双翼为黑色，间有白色及黄色弧形斑纹；尾羽呈黑色。双脚颜色较浅。

1. 路易斯安那鹀（*Ortolan, de la Louisiane*）

体型中等，身长约十四厘米，喙部大致为一厘米，尾翼长约五厘米。头部为黑色与其他各色混杂；喉部以及身体下侧为淡黄色，腹部底端的黄色更浅；头部、身体下侧及双翼表面为黄褐色；肋部和尾翼表面呈黄色，间有细小的棕色斑纹；尾羽近黑，中间的尾羽边缘呈黄色，两边的尾羽则为白色。双脚为灰白色。

2. 好望角鹀（*Ortolan, du Cap de Bonne Espérance*）

体长约十五厘米，展翅时身长达23~25厘米，尾翼6~7厘米。整体毛色暗淡，眼周为黑色；头部上方及喉部上方为暗灰、灰黑色；身体上侧为橙黄、橙红色，喉部、肺部和身体里侧为暗灰色；双翼呈暗红色；尾羽近黑，边缘镶红。多分布在好望角一带。

2

1

Dessiné et gravé par Martinet

1. 丽色彩鹀，雌性 (*La Femelle*)

燕雀科彩鹀属。体长大致为十二至十三厘米，体重13~19克。雌鸟和年轻幼鸟长得相似，都具有橄榄绿的头部、颈部、背部。喉部、胸部、腹部呈黄绿色，这有益于它们伪装以保护自己。叫声委婉动听。非繁殖期以种子为主食。主要分布在路易斯安那州。

2. 丽色彩鹀，雄性 (*Le mâle, appellé le Pape*)

雄性丽色彩鹀，又名教皇鹀。头部和颈部为蓝色；背部为绿色；腰部、喉部、胸部、腹部及尾下覆羽呈红色，色泽鲜艳，常被认为是北美最美丽的鸟。常出现于开阔的灌木林地、灌木丛、林缘空地，也出现在郊区花园。但是，自20世纪60年代初以来，由于人类活动造成其栖息地减少，这一鸟类数量急剧下降。

1.

2.

Dessiné et gravé par Martinet.

塞内加尔环颈斑鸠 (*Tourterelle à Collier, du Sénégal*)

斑鸠，鸠鸽科。体型与塞内加尔斑鸠无异，属塞内加尔斑鸠的一个变种。颈部一周呈黄褐色，头颈为灰褐色，身体呈淡褐色。身体细长，飞行迅速，鸣声单调低沉。常在地面觅食，主要以大量小型种子和蚯蚓等为食。栖息在山地、山麓或平原的林区，主要在林缘、耕地及其附近集数只小群活动。分布在非洲中南部地区，如塞内加尔等地。

马提尼克鸽（*Pigeon, de la Martinique*）

　　马提尼克鸽，鸠鸽科、鸽属。体型与普通的鸽子无异，喙硕长而稍弯，头顶广平，身躯硕大而宽深。喉部及前胸近暗红色；身体上侧羽翼为红绛色，下侧则呈灰白色；双脚为红色。翅长，飞行肌肉强大，善于飞行。主要以谷类植物的子实及昆虫等为食。主要分布在法国外省马提尼克岛。

Dessiné et gravé par Martinet

安汶岛绿鸽（*Pigeon verd, d'Amboine*）

体型与斑鸠一般大小。喙为暗绿色。头部上方为灰色，面部、颈部、肺部、腹部呈橄榄绿；背部、双翼与身体连接处为栗色；双翼呈暗黑色，具大块暗黄色斑纹，边缘亦呈黄色；尾翼表侧为橄榄绿色，但内侧呈白色，尖端近灰白色。双脚及趾甲近灰色。主要分布在印度尼西亚的安汶岛地区。

马鲁古野鸽 (*Pigeon Ramier, des Moluques*)

　　据有关人士观察，马鲁古野鸽的体型为一般野鸽的两倍。喙暗绿。头部、喉部、颈部、肺部、腹部及腿部近灰白色，略具酒红色；背部、肋部、双翼表侧为黄绿色；尾翼表侧黄绿，内侧为红栗色；双脚上半部分覆有羽毛。成鸟主要以肉豆蔻为食。多分布在印度尼西亚马鲁古群岛。

卡宴粉红琵鹭 *(Spatule couleur de rose, de Cayenne)*

　　高约八十厘米，翼展阔 120~130 厘米。喙长而呈竹片状，呈灰色。颈部、背部及胸部为白色，其他部分均呈深粉红色。双脚较长。雄鸟和雌鸟在外形上基本一致。粉红琵鹭在飞行时会将头部向前伸。一般在丛林、树上尤其红树林上筑巢。通常于浅水区觅食，主要以甲壳类、水生甲虫及虫、青蛙及蝾螈和细小的鱼类等为食。

Dessiné et gravé par Martinet.

巴西鶏鵁 (*Toucan verd, du Brésil*)

　　巨嘴鸟属,是一种中型攀禽。外形略似犀鸟。喙极大,边缘有锯齿,但体重较轻。这是因为其嘴骨构造很特别,它不是一个致密实体,而是一层薄壳,中间贯穿着极细纤维,具多孔的海绵状组织,充满空气,因此,喙虽大却不会造成沉重的压力。腹部有红色横纹,胸部及下腹覆大块黄色羽翼,其余部分大体呈黑色,体色鲜艳,十分漂亮。通常成小群活动,喜栖于树梢带。杂食性,但主食浆果。多见于南美洲热带地雨林区,如巴西等地。

dessiné et gravé par Martinet

圭亚那鹦鹉 (*Perruche, de la Guiane*)

攀禽。喙为红色,强劲有力;眼周及喙周围近黄色;颈部、前胸等近黄绿色;其余大部分羽翼呈绿色;尾翼内侧上端近红色。羽翼色彩绚丽。对趾型足,两趾向前,两趾向后,非常适合抓握。喜栖息于高处树枝中。鸣叫响亮。主要以植物果实、种子、坚果、嫩芽、嫩枝等为食,亦兼食少量昆虫。多分布在南美洲圭亚那一带。

菲律宾吸蜜鹦鹉 （*Lory, des Philippines*）

    身长约二十五厘米。喙为橙红色，虹膜橙色，头顶呈黑色。全身羽翼毛色鲜艳，主要呈红、蓝、绿三色：前颈部、肋部、背部下方、腰部及尾翼的半部分呈红色；身体里侧和背部上方为蓝色；双翼及尾翼下端为绿色。双脚褐黑。鸣叫响亮。主食花粉、花蜜及柔软多汁的果实。多分布在东南亚热带地区，如菲律宾等地。

卡宴喇叭鸟（*L'Agamie, de Cayenne*）

　　体长约五十厘米。体型似鹳，但嘴似鸡；头小；颈部细长，呈"S"形弯曲；腿长；翅短而圆。体羽多为黑色，且具闪光，羽衣柔软。一般栖息于林缘树上或地面，奔跑迅速。主要以浆果和昆虫等为食。

Dessiné et gravé par Martinet

鹌鹑（*La Caille*）

　　体长约十八厘米，体小而滚圆。羽翼呈褐色，具明显的草黄色矛状条纹及不规则斑纹；雄、雌两性上体均具红褐色及黑色横纹。常成对而非成群活动，一般在生长着茂密的野草或矮树丛的平原、荒地、溪边及山坡丘陵一带活动，有时也到耕地附近活动。主要以杂草种子、豆类、谷物及浆果、嫩叶、嫩芽等为食，夏天食大量昆虫及幼虫，以及小型无脊椎动物等。喜欢在水边草地上营巢，有时也在灌木丛下作窝。主要分布在欧亚大陆及非洲北部。

Dessiné & gravé par Martinet

马达加斯加鹌鹑 (*Caille, de Madagascar*)

　　体型小，体长约十七厘米。全身羽翼为棕褐色，眼周至喉部两侧近灰白色，间有细小棕褐色纹路；双翼表侧近红褐色。一般在平原、丘陵、草地、荒地等处活动。主要以植物种子、幼芽、嫩枝等为食。巢构造简单，多用细草或植物技叶等铺垫，卵呈黄褐色，具褐色斑块。迁徙时多集群。

布鲁耶尔叉尾公鸡（*Coq de Bruyères, à queue fourchue*）

　　体长达九十多厘米。喙为灰黑色，虹膜浅褐。头顶至眼周具小块红色无毛鸡冠，其上布满小突起物，必要时可将鸡冠竖起。双脚前方具棕色羽毛。从远处看，全身羽毛皆黑；但若近距离观察，我们可以发现其头部和背部呈暗绿色，具灰黑细横纹；身体上半侧为黑褐色，腹部颜色更深；肩部、双翼及尾翼上方均具灰白斑纹；双脚为褐色，趾甲近黑。尾部呈开叉状，可开屏，开屏时，尾翼上的白色斑纹成弧状。

布鲁耶尔叉尾公鸡，雌性（*Femelle du Coq de Bruyères, à queue fourchu*）

　　雌性较雄性体小。头部、背部及肋部为红、黑、灰白三色相间；喉部近红色；肺部褐红色；腹部为灰白色；尾翼具黑横纹，羽翼边缘具黑色斑纹以及白色细纹。气管较雄性短。多在松树或枞木林筑巢，只有雌性育雏。常在地面活动。多分布欧洲大陆。

牙买加斑鸠（*Tourterelle, de la Jamaïque*）

　　体长约二十八厘米，尾翼长约十厘米。喙为红色，尖端近灰色；头顶、喉部、颈部两侧以及肺部上方呈蓝色，喉部与肺部中间具白色纹路；颈部上方、背部及肋部为红棕色；腹部近红色；双翼为棕色，边缘近红色；尾翼表侧近黑色，内侧则呈灰色；双脚呈红色，具鳞状斑纹；趾甲亦呈红色。多分布在牙买加、圣多明戈及古巴等地。

卡罗来纳斑鸠（*Tourterelle, de la Caroline*）

　　体型较一般斑鸠小，体长约二十七厘米，尾翼长约十二厘米。喙部稍黑，眼周皮肤呈蓝色，虹膜呈黑色。头部前方及肺部近红色，头部后方和喉部呈暗灰色，背部、肋部、腹部及尾翼上侧近红色；双翼表侧为红色，内侧呈暗灰。双脚为红色，趾甲呈棕色。翅膀呈椭圆形，头部圆形，尾巴长而窄。喜食松子，枫树、玉米、芝麻种子等。多分布在美国卡罗来纳州、巴西及圣多明戈一带。

加拿大斑鸠（*Tourterelle, du Canada*）

　　体型较一般斑鸠大，体长约三十三厘米，双脚长约五厘米，尾翼大致长十四厘米。头部、喉部以及背部为灰褐色；背部呈灰色；腹部为灰白色；双翼为灰褐色，具大块黑褐斑纹，羽毛边缘呈黄色；尾部上方呈灰褐色，内侧及羽翼边缘为白色。双脚为红色，趾甲呈黑色。多分布在加拿大境内。

爪哇岛斑鸠 (*Tourterelle, de Java*)

　　体型较大。喙为红色，喙部底端覆短小白色羽毛。前额为白色，头部、喉部及肺部为暗紫色；腹部及尾翼内侧呈灰白色；双翅上中等羽翼为绿色，而靠外侧的大片羽翼则呈棕色。双脚为红色。多分布在爪哇岛一带。

非洲山鹑（*Perdrix d'Afrique*）

　　身体呈圆形，雄、雌外形基本相同。羽翼主要为栗色，间有长横条纹，喉部具白色点斑。在交配时，雄性喉部的白色点斑颜色更鲜明。多在平地上的灌木丛中活动。主要以种子、嫩枝及昆虫为食。遇到危险时，疾步逃跑而不是飞走。一次产卵 4~6 枚。留鸟，长期栖居在生殖地域，不作周期性迁徙。多分布在塞内加尔、乍得、摩洛哥等地。

1. 卡宴裸鼻雀，又称主教雀（*Tangara de Cayenne, appellé l'Evèque*）

　　裸鼻雀，雀形目、裸鼻雀科。羽翼呈蓝灰色。筑巢于树上或灌木上，栖息于棕榈树上。常成对活动，不常成群活动。主食小型果子。叫声尖利刺耳。多分布在南美洲圭亚那的卡宴地区，会随季节变化在分布区内进行局部转移。

2. 卡宴裸鼻雀，雌性（*Sa femelle*）

　　雌鸟羽翼颜色不同于雄性：头部上方为黄绿色；身体下侧、背部、双翼及尾翼表面为黄褐色，略带紫色；腹部呈草绿色。多出没于森林、开垦荒地等处。雄、雌双方共同喂雏，但只有雌鸟育雏。

1. 巴西蓝裸鼻雀 (*Tangara bleu, du Brésil*)

体型小，体长约十五厘米。喙部较细、尖，近黑。头部、喉部前方、背部上方、飞羽以及尾羽为黑色，其他部分羽翼呈深蓝色，近腿部具黑色点斑，肺部底端具大块黑色斑纹。双脚为黑色。主要分布在巴西，另在圭亚那的卡宴地区也有分布。

2. 美洲黑裸鼻雀 (*Tangara noir, d'Amérique*)

喙为黑色，呈圆锥形，略突出。正如其名字所展现的，美洲黑裸鼻雀的全身羽翼近黑色，双翼表侧具白色点斑。双脚为黑色。通常位于树上或灌木上。具群居性。主要分布在圭亚那一带。

Desine Ingrav par Martinet

227

1. 卡宴地区燕雀 (*Moineau, de Cayenne*)

　　体型小，体长13~15厘米。喙呈浅红，头顶部为暗红色，具鲜红色鸟冠。后颈部、背部、双翼及尾翼表侧为深褐色；前喉部、前胸及腹部呈淡红色。双脚和趾为黄褐色。主要以谷粒、草子、种子、果实等植物性食物为食。留鸟，在当地繁殖。主要分布在圭亚那的卡宴地区。

2. 卡罗来纳雀 (*Moineau, de la Caroline*)

　　体型较卡宴雀大。喙棕。头部前方为黑色；前喉部及喉部两侧为红色，肺部之间具黑色环状羽翼；下喉部腹部为白色；双翅的中型羽翼呈棕色，间有灰白色横条纹，大羽翼为黑色；尾羽较短，呈棕色，边缘近红色。双脚呈棕色。多分布在卡罗来纳地区。布封认为卡罗来纳雀为卡宴雀的雌性。

高山乌鸫 (*Merle de Montagne*)

　　喙近黑，虹膜为浅褐色。头顶及尾部为深褐色，羽翼呈褐绿色，具浅黄褐斑纹。清晨开始鸣叫，通常持续至下午，叫声多为双音节。常出没于热带或温带的常青林、森林及森林边缘，喜将身体隐蔽在远高于地面的树枝中。主食种子。筑巢时常成对活动，平时独自活动。繁殖期为 3~6 月。原产自中美洲，现多分布在墨西哥南部高地及巴拿马西部地区。

美洲黄鹂 (*Troupiale, appellé Cassique jaune, du Brésil*)

　　美洲黄鹂，又名巴西黄鸟，是一种小体形的山鸟，体长约十八厘米。喙长、直而尖，呈圆锥形，较粗壮，上嘴先端微下弯并具缺刻，嘴色粉红。翅尖而长，尾为凸形。全身羽翼为褐黑色，背部下方、腹部至尾羽端及双翼表侧均覆有鲜艳的黄色羽毛。腿短弱，适于树栖，不善步行。主要生活在阔叶林中。鸣声清脆悦耳。主要以蝗虫、蛾类、甲虫、蝇类等为食，秋季也吃浆果。

1. 犹大王国雀 *(Moineau, du Royaume de Juda)*

喙为褐色。全身羽翼大致呈棕褐色，背部及双翼底端具黄褐色环状斑纹。双脚为褐色。与其他雀最大的区别在与其尾翼较长。

2. 塞内加尔红嘴雀 *(Moineau à bec rouge, du Sénégal)*

塞内加尔红嘴雀最大的特点即其喙部呈红色。喙直、稍薄，呈棕红色。头顶近红，身体内侧呈灰色略带红色，这种颜色的形成可能是由于气候因素导致的。双脚和趾甲为肉色。雄、雌两性在外观、体型上基本没有差异。分布在热带地区，如塞内加尔等地。

1. 菲律宾黑雀 (*Traquet noir des Philippines*)

体长约十五厘米，尾翼较长。喙部较坚硬，腿部健壮。全身羽翼基本为黑色，双翼上具白色斑点。双脚为棕褐色。多分布在菲律宾一带。

2. 菲律宾大黑雀 (*Le grand Traquet des Philippines*)

体型较菲律宾黑雀大。喙长约一点六厘米。头部及喉部为白色，具红色斑纹；颈部环绕红色羽毛；红色羽毛下面，即肺部、背部呈蓝黑色，肩部具大块白斑；肺部和胃部呈白色；身体其他部分直至尾翼均呈黑紫色，双翼上具小块白色点斑。双腿强健有力，呈锈红色。多分布在菲律宾等地。

伞鸟（*Le Cotinga*）

　　伞鸟，雀形目、伞鸟科、伞鸟属。中小型鸟类。喙适中而偏垂，先端具钩；腿细弱且较短，翅膀呈圆形，尾中等。离趾型足，趾三前一后，后趾与中趾等长。体格健壮，羽毛光亮。叫声奇特且连续不断。常栖息于森林或森林边缘，主要以水果或昆虫为食。一般为一雄多雌，只有雌鸟孵卵、育雏。喜将巢筑在隐蔽的丛林草丛间，使得捕食者难以找到。多分布在美洲热带地区。

巴西秃鹫（*Vautour, du Brésil*）

　　大型猛禽，体长108~120厘米。喙长超六厘米，呈白色，喙底端的皮肤为黄色间蓝色。虹膜为红色，眼皮为橙色。头部及颈部为黄、白、红、灰褐及蓝等多种颜色混合，双翼、尾羽及身体其他部分呈黑色。以蛇和动物尸体为食。夜间多栖息于树上或岩石上。常分布在牙买加、墨西哥、巴西及秘鲁等地。

巴西伞鸟 （*Cotinga, du Brésil*）

巴西伞鸟体长超二十厘米。喙部为黑色。表侧羽翼为鲜艳的湛蓝色，内侧则呈紫红色，肺部具带状蓝色纹路，飞羽及尾羽为黑色。双脚呈黑色。雏鸟身上多具点斑。多分布在巴西等地。

马达加斯加带冠鹟（*Gobe mouché hupé, de Madagascar*）

　　头顶具灰黑色羽冠，双翅较大，呈灰黑色；尾羽较长，呈开叉状，亦为灰黑色；通体羽翼呈黑色。双脚为铁灰色。多分布在马达加斯加一带。

1. 美洲黄喉小鹦鹉 (*Petite Perruche à gorge jaune, d'Amérique*)

攀禽。喙强劲有力，可以食用硬壳果。眼睛虹膜呈桔色。羽色鲜艳，全身大部分羽翼呈绿色；颈部、眼喙之间和大腿处分布有黄色；翅膀羽毛边缘呈黄绿色。对趾型足，两趾向前两趾向后，适合抓握，多栖息于森林、棕榈树林、开阔的平原以及林地、农耕区等地。通常成对或是小群体活动。主要的食物为水果、浆果、种子、坚果、花朵及植物嫩芽等。多分布在美洲。

2. 秘鲁小鹦鹉 (*Petite Perruche, du Pérou*)

典型的攀禽。喙强劲有力，喙钩曲。脚短，强大，对趾型，两趾向前，两趾向后，适合抓握和攀援。全身羽翼大部分呈绿色，前胸、下腹部及尾羽与身体连接处近红色，背部上端近黄色。一般栖息于热带和亚热带区的森林及部分潮湿的林区中，也会出现于次要植被区、农耕区和果园等地。食物为各种不同种类的水果、种子、浆果、坚果等。通常成对活动，繁殖期聚小群。

Dessiné et gravé par Martinet.

241

gravé et dessiné par Martinet

菲律宾小白鹦 (*Petite Kakatoes, des Philippines*)

　　全身着白色羽毛，靠近耳羽部分有些许黄色，在尾羽内侧接近肛门的地方有明显的橘红色羽毛，鸟喙为灰白色。主要以种子、坚果、浆果和水果等为主食。主要生活在比较低纬度的树林、靠近河岸的地方，以及红树林等地，在树林的外围、开阔的田野和比较高的山地偶尔也可以看见其踪迹。多分布在东南亚诸岛，如菲律宾等地。

东印度蓝头鹦鹉 （*Perruche à tête bleue, des Indes Orientales*）

体型与一般的鹦鹉无异，但尾翼较短。喙为米黄色，眼周具黄色皮肤且无羽毛覆盖。头部为蓝色略带紫色，喉部为紫灰色，颈部两侧近黄色，全身羽翼为黄绿色。双脚为蓝灰色，趾甲呈棕色。典型的攀禽，对趾型足，两趾向前，两趾向后，适合抓握。其喙强劲有力，可以食用坚果。

夜鹰（*Le Crapaud-Volant*）

　　夜鹰，夜鹰目、夜鹰科。头形扁平；眼睛较大；鼻孔为管形；嘴短且宽，可以张得很大，在空中捕虫时可将大量昆虫兜入口中；有发达的嘴须；翼长。全身羽毛柔软，呈暗褐色，有细横斑，喉部有白斑。白天常蹲伏于树木众多的山坡地或树枝上，当其在树上停栖时，身体贴伏在枝上，有如枯树节，这种与环境相近的保护色有利于其隐藏自己，更能够有效地躲避敌人和捕捉食物。

卡宴地区咬鹃（*Couroucou, de Cayenne*）

　　小型攀禽。体长约二十四厘米。胸、腹部近黄色；背部暗绿色；尾羽内侧具黑白网状斑纹；羽翼色彩鲜艳。翅短且圆，尾羽宽。善爬，不善走、跳，飞行能力不强，不爱远飞。主要以小型果实、浆果或昆虫为食。多在枯朽树木的树洞中营巢。多分布在南美洲，如圭亚那的卡宴地区一带。

1. 安哥拉长尾寡妇鸟，体型较小 （*La grande Veuve d'Angola, réduite*）

长尾寡妇鸟，其喙极适合食谷粒。喉部近红色，体羽呈灰黑色。雄鸟有很长的尾羽，是尾羽比例最长的鸟类之一，长度约五十厘米，而雌鸟的尾羽长度正常，约七厘米。据鸟类学家研究表明，雌性的长尾寡妇鸟倾向于选择尾羽较长的雄鸟。

2. 安哥拉长尾寡妇鸟换毛期，体型正常 （*La même Veuve, après la Mue, de grandeur naturelle*）

安哥拉长尾寡妇鸟的雄、雌两性一年均经历两次换毛期。雄性羽毛脱落期间，其羽翼颜色暗淡，与雌性的更为相近；当羽翼重新长出来时，羽翼颜色则更加亮丽鲜艳。

1
2

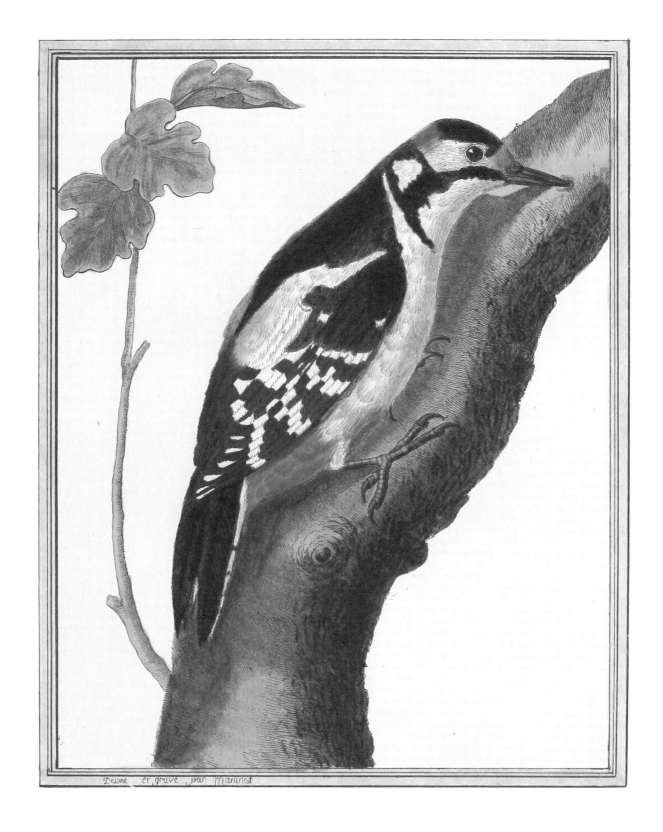

Desiné et gravé par Martinet

斑啄木鸟雄性，又名斑雀 （*L'Epeiche mâle, ou Pie Varié*）

　　体型中等，体长约二十五厘米。雄性额部、耳羽为白色或淡褐色；头顶、后颈和上背、下背尾上覆羽均为黑色；脑后的枕部在黑色的底色上有一块醒目的红色斑块；尾羽强劲有力；飞羽黑色，具白色斑点；颌部、喉部、胸部为灰白色；下腹部和尾上覆羽为鲜艳的红色。以各种昆虫为主要食物。营巢于树洞中，多由雄鸟在枯朽的树干上凿出来。常见于森林树丛间，善攀登。多分布在亚欧大陆和北非等地。

骨顶鸡（*La Foulque*）

　　骨顶鸡，鹤形目、秧鸡科。体长约四十厘米，高而侧扁。嘴长度适中；翅短且圆；跗跖短，趾均具宽而分离的瓣蹼。虹膜为红褐色，嘴端呈灰色。头和颈纯黑、辉亮，尾下覆羽多为白色，体羽全黑或暗灰黑色，腿、脚、趾及瓣蹼呈橄榄绿色。两性相似。多栖息于低山、丘陵和平原草地，甚至荒漠与半荒漠地带的各类水域中。主要以小鱼、虾、水生昆虫、水生植物嫩叶、幼芽等为食。

Dessine et grave, par Martinet.

马达加斯加杓鹬 (*Courly, de Madagascar*)

　　杓鹬，行鸟亚目、鹬科。喙长而尖，形似镰刀，喙尖向下弯曲；头颈和腿很长。虹膜为褐色。全身羽翼呈灰色，具黑褐色斑纹；下背及尾褐色，下体皮黄。双脚呈灰色。性机敏，甚羞怯。常以嘴刺进泥中寻食，主要以甲壳类、软体动物、小鱼、昆虫、植物种子为食。

好望角乌鸫 (*Merle, du Cap de Bonne Espérance*)

　　乌鸫，鸫科、鸫属。全身羽翼为黑色，嘴呈黄色，眼圈为黄色，双翼表侧羽翼近黄褐色。鸣声嘹亮，春日尤善啭鸣，其声多变化。常在田圃或疏林间地上觅食，以甲虫、蝗、蚊、蝇等多种昆虫为食，也掘食蚯蚓。多分布在好望角等地区。

菲律宾秃椋鸟（*Merle Chauve, des Philippines*）

喙为黄色；眼周围裸露的皮肤呈不规则椭圆形。头顶上方，即两块裸露皮肤中间为一块黑色细长羽毛；身体上侧为银灰色；双翼及尾羽颜色较深，为棕灰色。双脚近黄色。常大群地聚集在一起，主要以昆虫、谷物和小果实等为食。多分布在太平洋诸岛屿，如菲律宾等地。

路易斯安那州鹌鹑（*Caille, de la Louisiane*）

　　体长约二十二厘米。喙为黑色，前额近黑，喉部呈白色，其两侧为黑色；颈部具白、红、黑等色点斑；身体上半侧为浅黄褐色，羽翼边缘镶黑色及灰色边，背部中间具红边黑点斑纹，肺部为白色间黄棕，具黑色细横纹；飞羽为棕色，双脚为棕色。

1. 灰雀，雄性 (*Bouvreuil mâle*)

　　灰雀，雀形目、燕雀科。体长约十五厘米，嘴厚而略带钩，雄性灰雀的额部、头顶、眼周为深黑色，具光泽，背部呈青灰色，稍沾红，下腰部分为白色，下体基调灰色而具不同量的粉色，尾羽黑色，颊、喉呈暗红色。腹部呈橘红色，十分鲜艳。尾下覆羽为白色。通常栖于针、阔混交林中。主要以植物种子、树冬芽、果实为食。

2. 灰雀，雌性 (*Bouvreuil femelle*)

　　雌性灰雀与雄性一样，额部、头顶、眼周为深黑色，并且具有光泽，但其颈部后方为暗灰色，背部呈暗灰褐色，颊、喉红色不显，腹部淡褐色。叫声为柔声尖叫，委婉动听，极富特色。多分布在欧亚大陆的温带区，常在丘陵、平原、针阔混交林缘和平原的杂木林中出没。喜林地、果园及花园。冬季通常结小群活动。

Dessiné et gravé par Martinet.

255

鹧鸪，雄性（*Francolin mâle*）

　　中等体型，身长约三十厘米。雄鸟头顶、枕和后颈上部为黑褐色，具黄褐色羽缘，眼圈黑色，耳羽略呈黄色。后颈下部、上背和胸侧为黑褐色，翅上复羽为黑褐色，但白斑多缀有黄褐色，下背和腰呈黑褐色，密布细窄而呈波浪状的白色横斑，尾羽为黑色，中央一对尾羽内外翈均具白色横斑，外侧尾羽仅在外翈具白色横斑。常栖于山地灌丛和草丛中。主食谷粒、豆类及其他植物的种子，嗜食蚱蜢、蚂蚁及其他昆虫。

鹧鸪，雌性（*Francolin femelle*）

　　和雄鸟大致相似，但黑色眼纹和颚纹常断裂且不连贯。上体近黑褐色，向后转为黄褐色，上背具白色圆形斑，下背、腰和尾上复羽为白色横斑；肩羽呈黑褐色，仅末端呈暗栗褐色。上胸黑褐色，满布以淡黄色圆斑；下胸、腹和两胁白色沾黄，缀有少许黑褐色横斑。鸣叫声独特而洪亮，晨昏时常数鸟同时鸣叫。多在草丛或灌丛中以干草、落叶等筑巢，内铺残羽。

1. 朱顶雀（*La Linotte*）

　　又名朱顶，雀行目、雀科，是一种观赏型兼玩赏型的小型笼养鸟，体型小，体长约十三厘米。身体纵纹较少，翼近黑，头顶有红色点斑，尾分叉，虹膜为深褐色，嘴呈黄色，双脚为黑色。鸣叫声音调略高。多栖居矮小的桦树及柳树丛，冬季有时成大群。

2. 小红雀（*La petite Linotte de Vignes*）

　　体型小，体长约十三厘米。头偏灰，虹膜为深褐色，嘴呈灰色，身上有布有褐色条纹，尾翼呈叉状，并带有白边，胸部为粉红色，腹部色浅，双脚为粉褐色。多见于山区，喜活动于荒地、初开垦地区以及多草及灌木交叉地方。主要以植物种子为食，常成群在原野觅食植物种子。

Dessine te Joas par M. Martinet.

1. 中国蜡嘴鸟 (*Gros-Bec, de la Chine*)

体型中等，喙部较大，尖端及边缘部分呈灰色，其余大部分为黄色。身体结实，尾分叉。虹膜为黑色，头部、颈背部、颏部以及喉部呈黑色，背部底端以及肋部毛色较浅，尾部内侧为白色，与蓝黑色的尾羽形成鲜明对比。常出没于混交林或落叶乔木、河流流经的山谷、山林、沼泽和农田等地。一般情况下，从 8 月中旬到 9 月中旬它们便离巢，于 8 月至 11 月间到达越冬地，直至次年五月开始北返。

2. 卡宴地区蜡嘴鸟 (*Gros-Bec, de Cayenne*)

体型中等大小，身体结实。头部呈浅灰色，后颈部、前胸及腹部为草绿色，双翼为橄榄绿色，双翼尖端以及尾羽呈灰色。虹膜为褐色，双脚为肉色。喜结小群活动，常出没于灌木丛、草丛等地，以种子和果实等为食。主要分布在法属圭亚那卡宴地区。

Dessinné et gravé, par Martinet.

261

法国红山鹑，雄性 （*Perdrix rouge de France, mâle*）

喙为红色，眼睛呈棕褐色。背部、双翼以及尾部表面为沙灰色，尾羽为淡栗色，颏部、喉部为白色，从左眼到颏部、喉部直至右眼覆盖着一块细长的黑色羽毛，犹如戴着一条黑色项链。前胸布满三角状的白色斑纹，与沙灰色的肺部形成鲜明对比。腹部及尾翼下侧为浅黄褐色。爪子及足趾为红色，并有小距。嘴和脚较强，为小型猎禽。一般将巢筑于庄稼地或篱笆上，由草构成，呈杯状。